달콤한 자연
제나나잼

달콤한 자연 제나나잼
@ 최채요, 2019

초판 1쇄 2019년 4월 22일 발행
개정판 1쇄 2021년 12월 20일 발행

지은이 최채요
펴낸이 김성실
책임편집 김성은
사진 이혜원
표지디자인 이창욱
도마협찬 김영상공방
제작 한영문화사

펴낸곳 원타임즈   등록 제313-2012-50호(2012. 2. 21)
주소 03985 서울시 마포구 연희로 19-1 4층
전화 02)322-5463   팩스 02)325-5607
전자우편 sidaebooks@daum.net

ISBN 979-11-88471-29-4 (13590)

달콤한 자연
제나나잼
Zenana Jam

최채요 지음

잼(jam)
「명사」
과일에 설탕을 넣고 약한 불로 졸여 만든 식품. 늑과고(果膏).

커드(curd)
「명사」
커스터드 크림 상태의 페이스트를 말하는데 끈적끈적한 맛이 특징으로 '과일 버터' 혹은 '과일 치즈'라고도 한다.

마멀레이드(marmalade)
「명사」
오렌지나 레몬 따위의 겉껍질로 만든 잼.

프롤로그

홋카이도의 한 농장에서 우연히 먹게 된 토마토잼.
토마토로 잼을 만드는 것도 생소했지만 과육이 씹히는 잼은 좀처럼 볼 수도 없었고 느낄
수도 없던 시절이었다.

그리고
충동적으로 잼 가게를 열었다. 막연하게 맛있고 건강한 잼을 소개하겠다는 마음 하나였
는데 생각보다 쉬운 일이 아니었다. 유기농 과일을 구입하고 손질하는 것부터 만만찮았
다. 어떻게 하면 정제된 설탕을 넣지 않고 과일 맛 그대로 전할 수 있을까? 설탕 대신 올리
고당은 괜찮을까? 펙틴이나 젤라틴 같은 첨가제를 넣지 않고 잼을 만들 수 있을까? 실패
하며 고민하고 연구했다.

이 책에서는 오랜 시간 고민과 연구를 통해 만들었던 잼들의 레시피부터 보관, 곁들이면
좋은 음식까지 소개한다.

잼은 과일이 흔치 않았던 북유럽 사람들이 겨울에도 과일을 먹기 위해 보관 방법을 생각
하다 나온 음식이다. 그저 땡처리 과일이나 냉동 과일, 상하기 직전의 과일을 처분하기 위
해 만들기 시작한 음식이 아니다.
그렇기에 더욱 신선하고 당도 높은 과일로 잼을 만들어야 한다.

_최채요

비정제 원당, 마스코바도

마스코바도(Mascobado)는
천연 사탕수수를 화학 정제나 당밀 분리하지 않은 필리핀 전통 방식의 원당입니다.
비정제 방식으로 제조하여 사탕수수의 미네랄이 그대로 남아 있습니다.
그렇기 때문에 사탕수수 고유의 깊은 향과 단맛이 풍부합니다.
마스코바도는
공평하고 지속적인 거래로 빈곤 문제를 해결하려는
전 세계적 운동인 공정무역을 통해 들어온 식재료입니다.

비정제 원당
마스코바도
MASCOBADO SUGAR

마스코바도는 필리핀의 전통적인 제조 방법으로 만든 원당으로
일반 정제 설탕과는 달리 당밀분리나 정제과정이 없어
사탕수수에 포함된 미네랄이 함유되어 있습니다.

500 g (1,952 kcal)

사탕수수
100%

CONTENTS

병을 소독하다

아무리 깨끗한 병이라 해도 열탕 소독을 권합니다.
커다란 냄비나 솥에 병을 넣고 천천히 물을 부은 뒤
중불에서 팔팔 끓여 꺼낸 다음
깨끗한 면포에 입구가 아래쪽을 향하도록 놓고 자연 건조시킵니다.
뚜껑이나 패킹은 변형될 수 있으니
20초 정도만 소독합니다.

열탕 소독이 불가능한 크기의 병은
알코올 도수가 높은 증류주로 소독합니다.
술의 도수는 35도 이상이어야 살균 효과가 있습니다.

증류주가 없을 때는 병을 깨끗이 세척한 뒤
볕이 좋은 날 햇볕에 반나절 정도 말려서 사용합니다.
하지만 요새는 황사나 미세 먼지가 심해 권하지 않습니다.

잼

과일이 흔치 않던 북유럽에서 어떻게 하면 제철 과일을 좀 더 오래 먹을 수 있을까 고민하다 만들게 된 것이 잼이라고 합니다. 당시에는 설탕이 귀했기 때문에 과일과 설탕의 1:1 비율은 꿈도 꾸지 못했습니다. 오히려 설탕보다 꿀이 흔해 주로 꿀버무리를 만들었고, 과일을 끓이던 중 수분이 날아가 보존 기간이 늘어나면서 지금의 잼이 되었습니다.

기업에서 대량으로 만드는 잼은 유통기한을 늘리기 위해 인공 첨가제를 넣을 수밖에 없습니다. 오랜 시간 끓이면서 저어주어야 하는 수고를 덜기 위해 응고에 도움을 주는 펙틴이나 젤라틴 등의 가공품을 사용합니다. 그 점이 천연과는 다르지요.

제나나에서는 첨가제를 넣어 대량으로 만드는 레시피가 아닌, 과거 유럽 시골 아낙들이 소일거리로 만들던 잼의 레시피를 구현합니다. 수제 잼인데 냉동 과일이나 첨가물을 넣어 만드는 레시피를 그대로 표방할 이유는 없으니까요. '수제'라는 것은 그만큼 시간과 정성을 들여 만들어야 한다고 생각합니다. 그래서 제나나잼의 레시피는 다릅니다.

커드를 제외한 모든 잼은 중약불에서 시작해 약불로 마무리합니다.

집에서 만들 때 과일 양에 비해 당분 5퍼센트 이하는 너무 소량이기 때문에 쉽게 변질될 수 있으므로 10~15퍼센트 정도의 당분으로 표기했습니다. 단맛의 기호에 따라 표기된 당분 양의 반 정도까지 줄여서 만들어도 좋습니다.

이 책에 나와 있는 레시피는 제나나 매장용 레시피와는 약간의 차이가 있습니다.

잼을 만들기 위해 필요한 도구로는

냄비, 주걱, 저울, 푸드프로세서나 믹서기, 면포 등이 있습니다.

냄비는 잼을 졸일 때 튈 수 있으므로 재료의 양보다 크고 깊은 것으로 준비합니다.

주걱은 잼을 졸일 때 눌어붙지 않도록 계속 저어야 하므로 꼭 필요합니다. 나무주걱이나 실리콘주걱을 사용하면 됩니다.

저울은 잼의 원재료인 과일, 곡물, 채소 등과 비정제원당의 무게를 잴 때 필요합니다.

푸드프로세서나 믹서기는 잼의 재료를 갈아주기 위해 필요합니다.

면포는 소독한 병을 올려놓기 좋습니다.

차&주스로 마실 수 있는 잼

키위잼
44페이지

포도잼
74페이지

사과바나나잼
84페이지

배잼
90페이지

대추잼
96페이지

감시나몬잼
116페이지

대추팔각잼
122페이지

오렌지마멀레이드
158페이지

레몬마멀레이드
164페이지

유자배잼
166페이지

유자마멀레이드
168페이지

당근잼
204페이지

생강잼
220페이지

러시아에서는 스트레이트 홍차를 마신 뒤 잼을 한 스푼 정도 입가심으로 꿀꺽 한다고 합니다.

샐러드 드레싱으로 이용할 수 있는 잼

딸기잼

26페이지
무염버터와 섞으면 더욱
부드러운 맛을
느낄 수 있어요.

블루베리잼

32페이지
요거트에 넣어 먹으면
블루베리의 풍미를
느낄 수 있어요.

라즈베리잼

34페이지
발사믹식초와 1:1 비율로
다진마늘을 약간
곁들여도 별미예요.

베리믹스잼

38페이지
리코타치즈를 곁들이면
훌륭한 샐러드 드레싱이
되지요.

키위바나나잼

46페이지
후추와 올리브오일을
섞으면 상큼한 맛이
일품이에요.

통후추사과잼

118페이지
올리브오일을 뿌리면
샐러드 드레싱으로
좋아요.

팥잼

192페이지
얼음을 갈아서 그 위에
토핑하면 훌륭한
팥빙수가 되지요.

당근파인애플잼

206페이지
올리브오일과 후추로
살짝 간해서
먹으면 좋아요.

마늘잼

218페이지
바게트에 올리면
마늘빵 맛을 그대로
느낄 수 있어요.

스콘 만들기

부드러운 커드와 잘 어울리는 스콘을 만들어 보자.

준비물
강력분 250그램, 버터 60그램, 베이킹파우더 15그램
소금 5그램, 마스코바도 40그램, 달걀 60그램, 우유 100그램

만들기
1. 버터를 실온에 두어 손으로 눌러 들어갈 정도 되게 만든다.
2. 볼에 강력분, 베이킹파우더, 소금, 설탕 등 가루 재료를 넣고 잘 섞는다.
3. 2에 녹이지 않은 버터를 넣고 가루 재료들과 잘 섞이도록 소보루 상태로 만든다.
4. 3에 달걀과 우유를 넣어 한 덩어리가 되도록 반죽한다.
5. 45~50그램이 되도록 칼로 세모지게 분할하여 팬위에 올리고 달걀물을 발라준다.
6. 200도로 예열된 오븐에 20분 구워준다.

잼 캘린더(유기농 재료의 제철)

이 책에 사용된 과일과 채소는 유기농으로 노지에서 재배된 것을 기준으로 합니다.

딸기	⋯①②③④⑤	라즈베리	⋯⑤⑥
블루베리	⋯⑥⑦	블랙베리	⋯⑥⑦
키위	⋯⑩⑪⑫	파인애플	⋯⑥⑦⑧
망고	⋯⑦⑧	바나나	⋯⑥⑦⑧
복숭아	⋯⑦⑧⑨	살구	⋯⑥⑦
자두	⋯⑥⑦⑧⑨⑩	멜론	⋯⑦⑧⑨
토마토	⋯⑤⑥⑦⑧	오렌지	⋯②③④
레몬	⋯⑫①②	귤	⋯⑪⑫①②
자몽	⋯⑫①②	유자	⋯⑫①②
포도	⋯⑧⑨⑩	청포도	⋯⑦⑧
수박	⋯⑦⑧	사과	⋯⑧⑨⑩⑪
고구마	⋯⑨⑩	배	⋯⑨⑩⑪
무화과	⋯⑧⑨⑩	대추	⋯⑨⑩
밤	⋯⑨	팥,흑임자,녹두	⋯⑩
완두콩	⋯④	당근	⋯④⑤
단호박	⋯⑩⑪	양파	⋯⑤⑥
마늘	⋯⑤⑥	생강	⋯⑪
감	⋯⑨⑩⑪		

손대면 톡 터질 듯한 베리베리 베리 잼

딸기잼
딸기민트잼
딸기바나나잼
블루베리잼
라즈베리잼
블랙베리잼
베리믹스잼

Strawberry
jam

딸기잼

비타민 C가 풍부한 딸기는 과육의 붉은색이 꼭지 부분까지 돌고 꼭지는 진한 녹색을 띠는 것이 싱싱합니다. 딸기는 습도에 약하기 때문에 잘 무르고 곰팡이가 생기기 쉬워 보관이 용이하지 않기 때문에 잼으로 만들어 빵이나 과자에 발라 먹으면 딸기의 풍미를 오래오래 즐길 수 있습니다.

준비물
딸기 1킬로그램, 마스코바도 100그램, 베이킹소다 약간

만들기
1. 딸기는 꼭지를 떼어내고 베이킹소다를 뿌려 흐르는 물에 깨끗이 씻어준다.
2. 물기를 제거한 딸기에 분량의 마스코바도를 뿌려 30분 정도 둔다.
3. 과즙이 나오면 중약불에 끓이면서 거품은 체로 걸어낸다.
4. 끓어오르면 약불로 줄이고 잼의 농도가 될 때까지 주걱으로 저어가며 졸인다.

포인트

딸기를 세척할 때 베이킹소다를 뿌리면 틈틈이 낀 이물질을 효과적으로 제거할 수 있다. 딸기는 버터와도 잘 어울려 무염버터와 딸기잼을 섞는 것만으로도 훌륭한 드레싱이 될 수 있다.

Strawberry &
Mint jam

딸기민트잼

허브 중 하나인 민트는 청량감이 강한 향으로 음식의 풍미를 더해주는 역할을 합니다. 달콤한 딸기와 민트의 청량감이 잘 어울리기 때문에 딸기가 들어간 디저트에는 민트 잎이 자주 사용됩니다. 연한 녹색의 어린잎을 사용해야 거친 느낌도 없고 먹기에도 좋습니다.

준비물
딸기 1킬로그램, 마스코바도 100그램, 베이킹소다 약간, 건민트잎 10그램

만들기
1. 딸기는 꼭지를 떼어내고 베이킹소다를 뿌려 흐르는 물에 깨끗이 씻어준다.
2. 물기를 제거한 딸기에 분량의 마스코바도를 뿌려 30분 정도 둔다.
3. 과즙이 나오면 중약불에 끓이면서 거품은 체로 걷어낸다.
4. 끓어오르면 약불로 줄이고 잼의 농도가 될 때까지 주걱으로 저어가며 졸인다.
5. 완성된 잼을 병입 한 뒤 잼 위에 민트 잎을 올려주고 뚜껑을 닫는다.

포인트

민트는 단맛과 잘 어울리고 향이 강하기 때문에 잼을 만들 때 소량만 넣어도 충분하다. 민트의 강한 향을 원한다면 잼이 다 된 상태에 민트를 다져 섞어도 좋다.

Strawberry &
Banana jam

딸기바나나잼

칼륨과 식이섬유소의 함량이 높은 바나나는 식사 대용으로도 좋지만 나트륨 제거에도 효과가 좋습니다. 유럽에서는 딸기와 바나나에 올리브오일과 후추로 간을 해서 간단하게 아침 식사로 먹기도 합니다.

준비물
딸기 1킬로그램, 바나나 1킬로그램, 마스코바도 200그램, 베이킹소다 약간

만들기
1. 딸기는 꼭지를 떼어내고 베이킹소다를 뿌려 흐르는 물에 깨끗이 씻어준다.
2. 바나나는 껍질을 벗겨 5밀리미터 두께로 썰어준다.
3. 물기를 제거한 딸기에 분량의 마스코바도를 뿌려 30분 정도 둔다.
4. 과즙이 나오면 2의 바나나를 같이 넣고 중약불에 끓이면서 거품은 체로 건어낸다.
5. 끓어오르면 약불로 줄이고 잼의 농도가 될 때까지 주걱으로 저어가며 졸인다.

포인트

바나나가 들어간 잼은 눌어붙기 쉬우므로 반드시 약한 불에서 저어주며 졸인다. 재료의 양이 많으면 딸기 50그램, 바나나 50그램, 마스코바도 100그램으로 줄여도 좋다.

Blueberry
jam

블루베리잼

안토시아닌이 풍부하고 항산화 능력이 탁월해 불로장생의 과일로도 유명한 블루베리는 미국《타임》이 10대 건강식품으로 선정한 슈퍼푸드이기도 합니다.
블루베리는 보라색 껍질에 균일하게 흰 가루가 묻어 있는 것이 당도가 높습니다.

준비물
블루베리 1킬로그램, 마스코바도 100그램

만들기
1. 블루베리는 흐르는 물에 깨끗이 씻어 물기를 제거한다.
2. 1의 블루베리에 분량의 마스코바도를 뿌려 30분 정도 둔다.
3. 과즙이 나오면 중약불에 끓이면서 거품은 체로 건어낸다.
4. 끓어오르면 약불로 줄이고 잼의 농도가 될 때까지 주걱으로 저어가며 졸인다.

포인트

블루베리는 꼭지가 짧아 잘 보이지 않지만 만지면 다 느껴지니 씻을 때 꼭지를 깔끔하게 제거한다. 블루베리는 치즈와 잘 어울리는 과일로 함께 먹으면 블루베리에 부족한 칼슘과 지방을 보충할 수 있다. 연성 치즈와 곁들이면 와인 안주로도 좋고 요거트에 섞어 먹어도 좋다.

Raspberry
jam

라즈베리잼

케이크, 음료수, 와인, 잼 등에 많이 사용되는 라즈베리는 비타민과 미네랄이 풍부한 과일입니다. 열량이 적어 다이어트 식품으로도 인기가 많지요. 금방 무르는 과일이라 보관이 쉽지 않기 때문에 가급적 빨리 먹는 것이 좋습니다. 무른 다음 잼으로 만들기보다 신선한 과일로 잼을 만드는 것이 풍미도 좋고 맛도 있습니다.

준비물
산딸기 1킬로그램, 마스코바도 100그램

만들기
1. 산딸기는 흐르는 물에 깨끗이 씻어 물기를 제거한다.
2. 1의 산딸기에 분량의 마스코바도를 뿌려 30분 정도 둔다.
3. 과즙이 나오면 중약불에 끓이면서 거품은 체로 걷어낸다.
4. 끓어오르면 약불로 줄이고 잼의 농도가 될 때까지 주걱으로 저어가며 졸인다.

포인트

라즈베리와 같이 잘 무르는 과일은 무른 다음 곰팡이균이 서식할 수 있으므로 신선한 과일로 잼을 만드는 것이 좋다.

Blackberry jam

블랙베리잼

복분자와 비슷하게 생긴 블랙베리는 달콤함 뒤에 탄산이 터지는 듯한 톡 쏘는 맛이 일품입니다. 아직은 대중화되지 않은 과일이지만 슈퍼 푸드로 알려지면서 마트나 시장에 자주 등장하고 있습니다.

준비물
블랙베리 1킬로그램, 마스코바도 100그램

만들기
1. 블랙베리는 흐르는 물에 살짝 씻어 물기를 제거한다.
2. 1의 블랙베리에 분량의 마스코바도를 뿌려 30분 정도 둔다.
3. 과즙이 나오면 중약불에 끓이면서 거품은 체로 걷어낸다.
4. 끓어오르면 약불로 줄이고 잼의 농도가 될 때까지 주걱으로 저어가며 졸인다.

포인트 〰〰〰〰〰〰〰〰〰〰〰〰〰〰〰〰〰〰〰〰〰〰

블랙베리의 과육은 연하지만 씨는 다른 베리류에 비해 크고 거친 편이라 식감이 좋지 않아 잼을 만드는 중 걸러내기도 한다.

Berry Mix
jam

베리믹스잼

여름은 블루베리, 라즈베리, 블랙베리 등 베리류의 과일이 많이 나오는 계절입니다. 세 종류 정도의 베리를 섞어서 잼을 만들면 색다른 맛을 느낄 수 있지요. 여유가 있다면 더 많은 과일을 섞어 베리믹스잼을 만들어 보는 것도 좋습니다.

준비물
블루베리 300그램, 라즈베리 300그램, 블랙베리 300그램, 마스코바도 90그램

만들기
1. 베리들은 흐르는 물에 깨끗이 씻어 물기를 제거한다.
2. 1에 분량의 마스코바도를 뿌려 30분 정도 둔다.
3. 과즙이 나오면 중약불에 끓이면서 거품은 체로 걸어낸다.
4. 끓어오르면 약불로 줄이고 잼의 농도가 될 때까지 주걱으로 저어가며 졸인다.

포인트

베리믹스는 이름 그대로 베리 들이 섞여 있는 잼이다. 여름에 즐겨 먹는 살구나 복숭아를 추가하면 더욱 깊은 단맛을 느낄 수 있다. 리코타치즈를 곁들여 샐러드 드레싱으로 먹어도 색 다르다.

상큼한 매력을 발산하는 과일 잼

키위잼
키위바나나잼
키위귤잼
체리잼
파인애플잼
망고잼

Kiwi
jam

키위잼

남녀노소 누구나 좋아하는 새콤달콤한 맛의 키위는 비타민 C가 오렌지의 두 배, 비타민 E가 사과의 여섯 배, 식이섬유소가 바나나의 다섯 배나 될 정도로 영양이 풍부하고 맛도 좋습니다.

준비물
키위 1킬로그램, 마스코바도 100그램

만들기
1. 키위는 깨끗하게 씻은 뒤 껍질을 벗기고 과육을 다져준다.
2. 1에 분량의 마스코바도를 뿌려 30분 정도 둔다.
3. 과즙이 나오면 중약불에 끓이면서 거품은 체로 걷어낸다.
4. 끓어오르면 약불로 줄이고 잼의 농도가 될 때까지 주걱으로 저어가며 졸인다.

포인트

키위로 잼을 만들 때 덩어리감이 있게 만들어 탄산수에 섞으면 훌륭한 키위에이드가 된다. 당도가 높은 에이드를 먹고 싶다면 기호에 맞게 꿀을 추가한다.

Kiwi & Banana
jam

키위바나나잼

키위와 바나나를 섞어 만든 잼입니다. 키위의 신맛을 바나나가 부드럽게 잡아주기 때문에 신맛을 좋아하지 않는 사람에게도 추천할 수 있는 잼이지요. 특히 바나나는 껍질에 반점이 하나둘 나타나기 시작할 때가 달콤하면서 가장 맛있습니다.

준비물

키위 500그램, 바나나 500그램, 마스코바도 100그램

만들기

1. 키위는 깨끗하게 씻은 뒤 껍질을 벗기고 과육을 다져준다.
2. 1에 분량의 마스코바도를 뿌려 30분 정도 둔다.
3. 바나나는 껍질을 벗기고 다진다.
4. 2와 3을 섞고 중약불에 끓이면서 거품은 체로 걸러낸다.
5. 끓어오르면 약불로 줄이고 잼의 농도가 될 때까지 주걱으로 저어가며 졸인다.

포인트

후추와 올리브오일을 섞어 샐러드 드레싱으로 사용해도 상큼한 맛이 일품이다.

Kiwi &
Tangerine jam

키위귤잼

키위와 귤은 비타민 C가 풍부해 감기 예방에 좋고 신진대사를 원활하게 합니다. 뿐만 아니라 키위와 귤은 칼로리가 높지 않아 다이어트에도 도움이 되지요.

준비물
키위 500그램, 귤 500그램, 마스코바도 100그램

만들기

1. 키위는 깨끗하게 씻은 뒤 껍질을 벗기고 과육을 다져준다.
2. 1의 키위에 분량의 마스코바도를 뿌려 30분 정도 둔다.
3. 귤은 껍질을 벗기고 과육을 다진다.
4. 2와 3을 섞어 중약불에 끓이면서 거품은 체로 걸러낸다.
5. 끓어오르면 약불로 줄이고 잼의 농도가 될 때까지 주걱으로 저어가며 졸인다.

포인트

과육을 다질 때 귤 껍질의 내피가 들어가도 괜찮다.

Cherry
jam

체리잼

체리는 열매가 크고 단단하면서 검붉은색의 열매를 최상급으로 칩니다. 모양도 예쁘고 맛도 좋은 체리는 100그램당 60칼로리 정도로 열량이 낮아 다이어트에도 좋은 과일입니다. 주로 생과로 먹지만 케이크 장식 등 제빵에도 많이 이용되지요.

준비물
체리 1킬로그램, 마스코바도 100그램

만들기

1. 체리는 꼭지를 떼어내고 흐르는 물에 씻어 물기를 제거한다.
2. 과육은 4등분하고 씨는 제거한다.
3. 2에 분량의 마스코바도를 뿌려 30분 정도 둔다.
4. 과즙이 나오면 중약불에 끓이면서 거품은 체로 걸어낸다.
5. 끓어오르면 약불로 줄이고 잼의 농도가 될 때까지 주걱으로 저어가며 졸인다.

포인트

체리는 생크림과 잘 어울리는 과일이다. 차가운 생크림을 거품기로 치면 단단해지는데 카스텔라 위에 단단해진 생크림을 바르고 그 위에 체리잼을 올리면 훌륭한 디저트로도 손색이 없다.

Pineapple jam

파인애플잼

파인애플은 일 년 내내 볼 수 있는 과일이지만 여름에 먹어야 숙성이 잘 되어 더 달고 맛도 좋습니다. 과일 전체가 다 녹색인 것보다 껍질의 3분의 1 정도가 녹색에서 아래부분으로 갈수록 노란색인 과일이 당도가 높습니다. 껍질이 너무 물렁한 파인애플은 과숙성되었기 때문에 잼을 만들기에 적합하지 않습니다.

준비물
파인애플 1킬로그램, 마스코바도 100그램

만들기
1. 파인애플은 껍질을 잘 벗기고 심을 제거한 뒤 과육을 다져준다.
2. 1에 분량의 마스코바도를 뿌려 30분 정도 둔다.
3. 과즙이 나오면 중약불에 끓이면서 거품은 체로 걷어낸다.
4. 끓어오르면 약불로 줄이고 잼의 농도가 될 때까지 주걱으로 저어가며 졸인다.

포인트

파인애플의 심은 잘 무르지 않고 단단하기 때문에 제거하는 것이 좋다. 파인애플잼과 베이컨, 토마토만으로도 간단한 하와이언 샌드위치를 만들 수 있다.

Mango
jam

망고잼

운송 수단의 발달로 이제는 동네 마트에서도 쉽게 구할 수 있는 망고는 생으로 먹어도 달콤해서 그 자체로 디저트가 되지만 잼으로 만들어 빵에도 발라먹고 아이스크림 위에 토핑하거나 제빵에도 사용할 수 있다.

준비물
망고 1킬로그램, 마스코바도 100그램

만들기

1. 망고는 깨끗이 씻은 뒤 반으로 갈라 씨를 발라내고 과육은 숟가락으로 긁어낸다.
2. 1에 분량의 마스코바도를 뿌려 30분 정도 둔다.
3. 과즙이 나오면 중약불에 끓이면서 거품은 체로 걸어낸다.
4. 끓어오르면 약불로 줄이고 잼의 농도가 될 때까지 주걱으로 저어가며 졸인다.

포인트

망고는 섬유질이 풍부해 끓일 때 잘 튀고 빨리 눌어붙기 때문에 주의해서 잼을 만드는 것이 좋다. 아쉽지만 수제 망고잼에서는 망고 특유의 진한 맛과 짙은 향을 느끼기는 어렵다.

수분을 머금은 촉촉한 과일 잼

복숭아잼
살구잼
자두잼
멜론잼
토마토잼
토마토사과잼
토마토오렌지잼
포도잼
청포도잼

Peach
jam

복숭아잼

여름을 알리는 과일 중 하나인 복숭아는 맛도 향도 좋아 미녀를 가리키는 대표적인 과일이 되었습니다. 실제로 '중국에서 복숭아 농사를 짓던 한 여성은 복숭아만 먹고 몇 십 년을 살았더니 온몸에서 복숭아 향이 나 주변에 인기를 끌었고, 나이보다 20년은 어려보였다' 는 얘기가 있다고 합니다.

준비물
복숭아 1킬로그램, 마스코바도 80그램

만들기
1. 복숭아는 깨끗이 씻어 물기를 제거한다.
2. 1의 복숭아를 사방 1센티미터 크기로 깍둑썰고 씨를 제거한다.
3. 2에 분량의 마스코바도를 뿌려 30분 정도 둔다.
4. 과즙이 나오면 중약불에 끓이면서 거품은 체로 걷어낸다.
5. 끓어오르면 약불로 줄이고 잼의 농도가 될 때까지 주걱으로 저어가며 졸인다.

포인트

복숭아는 백도로 했을 때 좀 더 아삭한 맛이 나고, 황도로 하면 깊은 맛이 난다. 기호에 따라 선택하여 만들면 된다. 복숭아는 당도가 높기 때문에 당분을 적게 넣어도 된다.

Apricot
jam

살구잼

살구는 여름의 시작을 알리면서 7월 말까지 볼 수 있는 과일입니다. 덜 익으면 신맛이 강하지만 익을수록 단맛이 강해집니다. 잼을 만들 때는 적당히 무른 살구를 사용하는 것이 좋습니다.

준비물
살구 1킬로그램, 마스코바도 100그램

만들기
1. 살구는 깨끗하게 씻어 물기를 제거한 후 껍질을 벗겨준다.
2. 살구를 반으로 갈라 씨와 과육을 분리하고 과육은 듬성듬성 썰어준다.
3. 2의 살구 과육에 분량의 마스코바도를 뿌려 30분 정도 둔다.
4. 과즙이 나오면 중약불에 끓이면서 거품은 체로 걸어낸다.
5. 끓어오르면 약불로 줄이고 잼의 농도가 될 때까지 주걱으로 저어가며 졸인다.

포인트

살구잼은 단맛도 강하지만 새콤하고 쌉싸름한 맛도 있어 쿠기나 비스킷에 발라 먹기에 좋다.

Plum
jam

자두잼

자두는 초여름부터 가을까지 서너 달에 걸쳐 다양한 품종을 자랑하는 과일입니다. 초여름에 생산하는 자두는 약간 시큼한 맛이 감돌면서 더위 예방에 좋고 가을께 나오는 자두는 단맛이 강하면서 환절기 감기 예방에 좋다고 합니다. 잼으로 만들 때는 단맛이 강한 가을 자두를 사용하는 것이 좋습니다.

준비물
자두 1킬로그램, 마스코바도 80그램

만들기
1. 자두는 깨끗이 씻어 씨와 과육을 분리한 뒤 듬성듬성 썬다.
2. 1의 자두 과육에 분량의 마스코바도를 뿌려 30분 정도 둔다.
3. 과즙이 나오면 중약불에 끓이면서 거품은 체로 건어낸다.
4. 끓어오르면 약불로 줄이고 잼의 농도가 될 때까지 주걱으로 저어가며 졸인다.

포인트

자두잼은 유제품과 잘 어울리기 때문에 치즈나 요거트를 곁들이면 더욱 풍부한 맛을 즐길 수 있다. 껍질은 사용해도 되고 제거해도 좋으니 기호에 따라 만들면 된다.

Melon
jam

멜론잼

작은 수박과 크기와 모양도 비슷한 멜론은 그물무늬가 촘촘하고 눌러보았을 때 쉽게 들어가지 않으며 꼭지가 시들지 않아야 좋은 멜론입니다. 껍질 안쪽까지 단맛이 강해 어릴 적 껍질까지 입에 물고 있었던 기억이 납니다.

준비물
멜론 1킬로그램, 마스코바도 80그램

만들기
1. 멜론은 반으로 갈라 씨를 제거하고 과육은 수저로 긁어낸다.
2. 1의 멜론 과육에 분량의 마스코바도를 뿌려 30분 정도 둔다.
3. 과즙이 나오면 중약불에 끓이면서 거품은 체로 걷어낸다.
4. 끓어오르면 약불로 줄이고 잼의 농도가 될 때까지 주걱으로 저어가며 졸인다.

포인트

멜론은 후숙 과일이기 때문에 구입 후 서늘한 곳에서 하루나 이틀 정도 숙성시켜 당도를 높여 사용하는 것이 좋다. 숙성시킬 때 냉장고에는 넣지 않는다.

Tomato
jam

토마토잼

잼의 기본은 딸기잼이지만 제가 처음 만들어 본 잼은 토마토잼입니다. 토마토 농장을 하는 지인이 보내준 토마토 몇 상자로 잼을 만들었는데 과즙이 많아 한나절 이상 조려도 잼에 물기가 남아 곤란했지요. 그래도 참 맛있고 보람된 고생이었습니다.

준비물
토마토 1킬로그램, 마스코바도 50그램

만들기
1. 토마토를 깨끗이 씻어 물기를 제거한 후 껍질을 벗겨 초승달 모양으로 썬다.
2. 1의 토마토에 분량의 마스코바도를 뿌려 30분 정도 둔다.
3. 과즙이 나오면 중약불에 끓이면서 거품은 체로 걷어낸다.
4. 끓어오르면 약불로 줄이고 잼의 농도가 될 때까지 주걱으로 저어가며 졸인다.

포인트

토마토는 수분이 많아 끓기 시작하면 죽처럼 튀므로 잘 저어가며 졸인다. 토마토는 물이 많은 과일이기 때문에 당분이 많이 들어가면 토마토 원래의 맛이 사라지기 때문에 다른 과일보다 당분을 적게 사용한다.

토마토사과잼

비타민과 무기질, 항산화 물질을 다량 함유한 토마토는 사과와 영양 성분이 많이 겹치지 않기 때문에 같이 먹으면 영양 밸런스가 맞습니다.

준비물

토마토 500그램, 사과 500그램, 마스코바도 70그램

만들기

1. 토마토와 사과를 깨끗이 씻어 물기를 제거한다.
2. 토마토와 사과는 껍질을 벗겨 2~3센티미터 크기로 썬다.
3. 2에 분량의 마스코바도를 뿌려 30분 정도 둔다.
4. 과즙이 나오면 중약불에 끓이면서 거품은 체로 걷어낸다.
5. 끓어오르면 약불로 줄이고 잼의 농도가 될 때까지 주걱으로 저어가며 졸인다.

포인트

토마토와 사과의 양은 동일하게 잡아도 좋지만 단맛을 더 원한다면 사과를, 깊은 맛을 원한다면 토마토를 늘려가며 비율을 조절하면 된다.

토마토오렌지잼

초봄이 되면 지중해 연안에서는 토마토와 오렌지가 제철과일입니다. 둘 다 해풍과 강한 햇빛을 받아 당도가 높고 맛도 깊어집니다. 생으로 먹어도 맛있지만 열을 가해 잼으로 만들면 더욱 깊은 풍미를 느낄 수 있습니다.

준비물

토마토 500그램, 오렌지 500그램, 마스코바도 70그램

만들기

1. 토마토와 오렌지를 깨끗이 씻어 물기를 제거한다.
2. 오렌지는 껍질을 벗기고 2~3센티미터 크기로 자른 뒤 분량의 마스코바도를 뿌린다.
3. 2에 토마토를 오렌지와 비슷한 크기로 썰어 섞는다.
4. 과즙이 나오면 중약불에 끓이면서 거품은 체로 걷어낸다.
5. 끓어오르면 약불로 줄이고 잼의 농도가 될 때까지 주걱으로 저어가며 졸인다.

포인트

오렌지의 새콤달콤한 맛과 토마토의 짭짤하면서도 깔끔한 맛이 잘 어울린다. 피로해소, 노폐물 배출, 혈압 안정에 도움이 되기 때문에 건강 면에서도 좋다.

Grape
jam

포도잼

잼 중 포도잼은 딸기잼과 쌍벽을 이룰 정도로 많이 만들지만 씨 빼는 작업이 오래 걸리기 때문에 만들기 힘든 잼입니다. 하지만 만들어 두면 스프레드뿐 아니라 주스나 에이드 등 쓰임새가 많습니다.

준비물
포도 1킬로그램, 마스코바도 50그램

만들기
1. 포도를 알알이 떼어내 깨끗이 씻어준다.
2. 과육을 반으로 갈라 씨를 빼낸 뒤 분량의 마스코바도를 뿌려 30분 정도 둔다.
3. 과즙이 나오면 중약불에 끓이면서 거품과 껍질은 체로 걷어낸다.
4. 끓어오르면 약불로 줄이고 잼의 농도가 될 때까지 주걱으로 저어가며 졸인다.

포인트

적포도는 열을 가하면 껍질이 뭉근해지고 자연스럽게 벗겨지기 때문에 체로 걷어내면 된다. 포도의 당분이 높을수록 당을 적게 쓰는데 제나나에서는 10월 포도에는 당분을 넣지 않는다. 과일의 당도에 따라 기호에 맞게 마스코바도를 더 넣어주면 된다.

Greengrape
jam

청포도잼

내 고장 칠월은 청포도가 익어가는 시절 / 이 마을 전설이 주저리주저리 열리고
먼 데 하늘이 꿈꾸며 알알이 들어와 박혀…
청포도잼을 만들 때는 늘 이육사 시인의 시가 생각납니다. 청포도를 먹을 수 있는 시기는
매우 짧지요.

준비물
청포도 1킬로그램, 마스코바도 50그램

만들기
1. 청포도를 알알이 떼어내 깨끗이 씻어준다.
2. 과육을 반으로 갈라 씨를 빼낸 뒤 분량의 마스코바도를 뿌려 30분 정도 둔다.
3. 과즙이 나오면 중약불에 끓이면서 거품은 체로 걸어낸다.
4. 끓어오르면 약불로 줄이고 잼의 농도가 될 때까지 주걱으로 저어가며 졸인다.

포인트

청포도잼에 버터를 섞으면 토스트한 식빵과 잘 어울린다. 청포도는 껍질을 분리하지 않기 때문에 콩포트로 만들어도 좋다. 또, 씨가 없는 청포도를 이용하면 과정을 한 단계 줄일 수 있다. 과일의 당도에 따라 기호에 맞게 마스코바도를 더 넣어주면 된다.

가을의 쓸쓸함을 달래주는 과일 잼

사과잼
사과바나나잼
사과고구마잼
사과민트잼
배잼
서양배잼
무화과잼
대추잼
밤잼
감잼

Apple
jam

Zenana
Jam

사과잼

사과 농사를 짓는 친구의 말을 들어 보니 봄에 꽃이 피면 적당히 꽃을 솎아야 실한 열매를 맺는다고 합니다. 여름에는 사과에 얼룩이 생기지 않게 잎사귀를 뜯고 사과가 익어가는 가을에는 바닥에 반사판을 설치해 골고루 익을 수 있도록 한답니다. 물론 이보다 훨씬 복잡한 과정이 있겠지만 이 정도의 수고만 알아도 사과가 더 맛있게 느껴지지 않나요?

준비물
사과 1킬로그램, 마스코바도 100그램

만들기
1. 사과는 깨끗이 씻어 껍질을 벗긴다.
2. 1을 2~3센티미터 크기로 깍둑썰어 분량의 마스코바도를 뿌려 30분 정도 둔다.
3. 과즙이 나오면 중약불에 끓이면서 거품은 체로 걷어낸다.
4. 끓어오르면 약불로 줄이고 잼의 농도가 될 때까지 주걱으로 저어가며 졸인다.

포인트

사과는 에틸렌 가스가 잘 발생하므로 익지 않은 과일 옆에 두면 과일을 잘 숙성시키는 데 도움을 준다. 대신 숙성된 과일 옆에 두면 상하기 쉽다.

Apple & Banana
jam

사과바나나잼

일반적으로 바나나는 껍질을 벗긴 다음 그냥 먹지만 익히면 타닌 성분이 사라져 장을 건강하게 합니다. 또 바나나에는 칼륨이 많아 체내의 나트륨을 배출하는 데도 탁월합니다.

준비물
사과 500그램, 바나나 500그램, 마스코바도 100그램

만들기
1. 사과를 깨끗이 씻어 껍질을 벗겨 2~3센티미터 크기로 썰어준다.
2. 바나나는 껍질을 벗긴 뒤 사과와 비슷한 크기로 썰어준다.
3. 1과 2를 섞고 마스코바도를 뿌려 30정도 둔다.
4. 과즙이 나오면 중약불에 끓이면서 거품은 체로 걷어낸다.
5. 끓어오르면 약불로 줄이고 잼의 농도가 될 때까지 주걱으로 저어가며 졸인다.

포인트

사과바나나잼은 얼음과 함께 갈아 주스로 마셔도 좋다.

사과고구마잼

고구마는 늘 쪄먹거나 구워서 먹는다고 생각했는데 잼으로 만들어도 훌륭합니다. 찬바람
이 돌면 쉽게 상하기 때문에 얼른 잼으로 만들면 두고두고 겨울 내내 빵에도 발라먹고 크
래커에도 발라먹을 수 있는 좋은 간식거리지요.

준비물
사과 500그램, 고구마 500그램, 마스코바도 100그램, 물 500밀리리터

만들기
1. 고구마를 깨끗이 씻어 동량의 물에 삶은 뒤 껍질을 벗긴다.
2. 사과는 깨끗이 씻어 껍질을 제거하고 2~3센티미터 크기로 썰어준다.
3. 2에 분량의 마스코바도를 뿌려 30분 정도 둔다.
4. 과즙이 나오면 고구마와 사과를 으깨며 중약불에 끓이면서 거품은 체로 걸어낸다.
5. 끓어오르면 약불로 줄이고 잼의 농도가 될 때까지 주걱으로 저어가며 졸인다.

포인트

고구마는 탄수화물이 많아 빨리 졸여지고 눌어붙기 쉽다.

사과민트잼

아삭아삭 식감이 좋은 사과와 입안을 환하게 밝혀주는 민트의 만남은 그야말로 최고의
궁합이라 할 수 있지요.

준비물
사과 1킬로그램, 마스코바도 100그램, 건민트잎 10그램

만들기

1. 사과를 깨끗이 씻어 껍질을 벗긴다.
2. 2~3센티미터 크기로 썰어 그 위에 마스코바도를 뿌린다.
3. 과즙이 나오면 중약불에 끓이면서 거품은 체로 걷어낸다.
4. 끓어오르면 약불로 줄이고 잼의 농도가 될 때까지 주걱으로 저어가며 졸인다.
5. 병입한 잼 위에 민트 잎을 올리고 병뚜껑을 닫는다.

포인트

민트는 향이 강하기 때문에 잼을 병입한 뒤 어린 잎을 올려 닫는 것만으로도 그 향과 효
과를 볼 수 있다. 잼의 농도가 될 때쯤 민트잎을 잘게 썰어 넣어도 되지만 향이 너무 강
할 수 있기 때문에 기호에 따라 결정한다.

배잼

배는 당도가 높아 다른 잼에 비해 마스코바도를 적게 넣어도 됩니다. 물기가 충만하고 아삭한 배는 감기 예방에도 좋기 때문에 잼으로 만들어 뜨거운 물에 타서 차로 마셔도 좋습니다.

준비물
배 1킬로그램, 마스코바도 50그램

만들기

1. 배는 깨끗이 씻어 껍질을 벗기고 2~3센티미터 크기로 썰어준다.
2. 1의 배에 분량의 마스코바도를 뿌려 30분 정도 둔다.
3. 과즙이 나오면 중약불에 끓이면서 거품은 체로 걷어낸다.
4. 끓어오르면 약불로 줄이고 잼의 농도가 될 때까지 주걱으로 저어가며 졸인다.

포인트

배는 물기가 많기 때문에 잼이 되기까지 시간이 많이 걸린다. 배는 수분이 많은 과일이기 때문에 당분이 적게 들어가야 배의 향이 많이 난다.

European pear
jam

서양배잼

조롱박처럼 생긴 서양배는 유럽에서 2000년 이상 재배되어 양(洋)배라고도 하는데 그 맛은 우리가 먹는 배와는 다릅니다. 약간 새콤하면서 아삭아삭해 배인지 사과인지 모를 정도입니다. 그래서인지 중국에서는 사과배라고 부르기도 합니다.

준비물
서양배 1킬로그램, 마스코바도 90그램

만들기
1. 서양배를 깨끗이 씻어 물기를 제거한다.
2. 씨를 빼고 초승달 모양으로 잘라준다.
3. 2에 분량의 마스코바도를 뿌려 30분 정도 둔다.
4. 과즙이 나오면 배에 과즙을 뿌려 덮으며 중약불에 끓이면서 거품은 체로 걷어낸다.
5. 끓어오르면 약불로 줄이고 잼의 농도가 될 때까지 주걱으로 저어가며 졸인다.

포인트

서양배는 껍질도 사용하는데 초승달 모양을 유지하도록 한다. 서양배는 덩어리가 살아 있는 콩포트 형식의 잼으로 먹어야 식감도 느끼고 더 맛이 있기 때문이다.

무화과잼

어른들께서는 고기를 먹고 소화가 안 될 때는 무화과를 먹으라고 합니다. 무화과에는 단백질 분해효소인 피신이 풍부해 소화에 도움이 됩니다. 무화과는 갈라진 부분이 마르지 않고 과일의 색이 전체적으로 적갈색을 띠고 있는 것이 좋습니다.

준비물
무화과 1킬로그램, 마스코바도 100그램

만들기
1. 무화과를 깨끗이 씻어 물기를 제거한다.
2. 껍질째 4등분하여 분량의 마스코바도를 뿌려 30분 정도 둔다.
3. 과즙이 나오면 중약불에 끓이면서 거품은 체로 걷어낸다.
4. 끓어오르면 약불로 줄이고 잼의 농도가 될 때까지 주걱으로 저어가며 졸인다.

포인트 ~~~~~~

무화과를 씻을 때 무화과 속으로 물기가 스며들지 않도록 주의한다.

Jujube
jam

대추잼

세뱃돈이 목적인 설과는 다르게 추석을 쇠러 할머니 댁에 가는 길은 늘 신났습니다. 알밤 줍기부터 뒷마당 대추까지 천지 사방 다 먹거리였죠. 도시에 살았기에 그런 소소한 단맛은 어린 아이에게 별미였어요. 지금도 대추잼을 만들 때면 할머니 댁에 있던 대추를 곶감 빼먹 듯 한 알씩 똑똑 따 먹던 기억이 생생합니다.

준비물
생대추 1킬로그램, 마스코바도 90그램

만들기

1. 대추를 깨끗이 씻어 반으로 갈라 씨를 제거하고 과육은 다져준다.
2. 1의 대추에 분량의 마스코바도를 넣고 30분 정도 둔다.
3. 과즙이 나오면 중약불에 끓이면서 거품은 체로 걷어낸다.
4. 끓어오르면 약불로 줄이고 잼의 농도가 될 때까지 주걱으로 저어가며 졸인다.

포인트

생대추를 다져 잼을 만들면 아삭한 식감이 좋고, 건대추로 잼을 만들면 좀 더 깊고 진한 맛이 난다.

Chestnut
jam

밤잼

고슴도치처럼 가시가 뾰족뾰족한 밤송이에 한 대 맞기라도 하면 데굴데굴 구를 정도로 따끔따끔 아프지요. 밤이 바삭 말라 껍질 속에서 밤이 굴러다닐 정도면 껍질이 잘 벗겨지는데 그렇게 되기까지는 절대 참을 수 없어요.

준비물
밤 1킬로그램, 마스코바도 90그램, 물 300~500밀리리터

만들기
1. 밤은 거뭇한 속껍질까지 깨끗하게 잘 벗긴 뒤 과육만 준비한다.
2. 1의 밤을 1/3 정도 잠길 만큼 물을 붓고 삶는다.
3. 다 익은 밤에 분량의 마스코바도를 넣고 으깨가며 졸인다.
4. 으깬 밤은 금세 잼의 농도가 되므로 잘 저어가며 눌지 않도록 주의한다.

포인트

알밤을 뜨거운 소금물에 담그면 껍질이 잘 벗겨진다. 속껍질이 남아 있으면 떫은 맛이 올라오니 깨끗하게 제거한다.

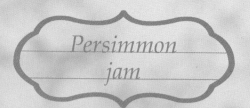

Persimmon jam

감잼

과일 중 가장 오래 두고 먹을 수 있는 과일이 감인데 단단한 단감도 맛있지만 짚을 깐 항아리에 넣어 숙성한 감도 맛있습니다. 소금물에 삭혀도 맛있는 감을 만들 수 있지요. 당도가 높은 과일이지만, 잘못 숙성하면 떫은맛이 올라오기 때문에 심지 부분을 잘 제거해야 합니다.

준비물
단감 1킬로그램, 마스코바도 90그램

만들기
1. 단감은 깨끗하게 씻어 물기를 제거하고 꼭지와 껍질을 제거한 뒤 2~3센티미터 크기로 썰어준다.
2. 1의 감에 분량의 마스코바도를 뿌려 30분 정도 둔다.
3. 과즙이 나오면 중약불에 끓이면서 거품은 체로 걷어낸다.
4. 끓어오르면 약불로 줄이고 잼의 농도가 될 때까지 주걱으로 저어가며 졸인다.

포인트 ～～～～～～～～～～～～～～～～～～～～～～～～～～～～～～

감잼은 셔벗으로 만들어 먹어도 좋고 고기를 재울 때도 유용하게 사용할 수 있다. 홍시로 잼을 만들 경우 잘 익은 감으로 만들어야 한다. 덜 익은 감을 사용할 경우 떫은 맛이 날 수 있다.

과일을 사랑한 향신료 잼

토마토바질잼
바나나시나몬잼
오렌지시나몬잼
사과시나몬잼
배시나몬잼
감시나몬잼
통후추사과잼
통후추파인애플잼
대추팔각잼
배팔각잼
바닐라바나나잼
바닐라사과잼
바닐라고구마잼

Tonmato &
Basil jam

토마토바질잼

바질은 토마토와 잘 어울리는 허브입니다. 이탈리아에 가면 바질과 올리브오일, 토마토를 넣은 파스타도 있고요. 여기에서 올리브오일만 빼고 잼을 만들어 보았습니다.
토마토바질잼은 그 자체로도 맛있지만, 달걀 프라이를 곁들여 샌드위치를 만들면 훨씬 맛있습니다.

준비물
토마토 1킬로그램, 마스코바도 50그램, 바질 20그램

만들기
1. 토마토를 깨끗이 씻어 물기를 제거한 뒤 껍질을 벗기고 초승달 모양으로 썬다.
2. 1의 토마토에 분량의 마스코바도를 뿌려 30분 정도 둔다.
3. 과즙이 나오면 중약불에 끓이면서 거품은 체로 걷어낸다.
4. 바질은 깨끗이 씻어 물기를 제거한 뒤 잘게 썬다.
5. 3의 과즙이 반 이상 줄었을 때 약불로 줄이고 바질을 넣고 졸인다.
6. 잼의 농도가 될 때까지 주걱으로 저어가며 졸인다.

포인트

바질은 비타민 A와 E가 풍부한 채소로 노화방지에 탁월한 효과를 낸다. 인도나 그리스에서는 신성한 식물로 귀하게 키워졌다고 한다. 바질은 말렸을 때 향이 더 오래 간다. 말린 바질가루를 사용해도 무방하다.

Banana &
Cinnamon jam

바나나시나몬잼

바나나는 다양한 향신료와 잘 어울리는 과일입니다. 특히 시나몬과의 궁합은 더할 나위 없이 좋습니다. 프라이팬에 버터를 두르고 바나나를 살짝 구워 시나몬 가루를 뿌리기만 해도 시장기를 채우기에 좋은 요리가 됩니다.

준비물
바나나 1킬로그램, 마스코바도 100그램, 시나몬 스틱 20그램

만들기
1. 바나나는 껍질을 벗기고 과육을 다져준다.
2. 1에 분량의 마스코바도를 뿌려 30분 정도 둔다.
3. 2에 시나몬 스틱을 넣고 중약불에 끓이면서 거품은 체로 걷어낸다.
4. 끓어오르면 약불로 줄이고 잼의 농도가 될 때까지 주걱으로 저어가며 졸인다.

포인트

바나나는 후숙 과일이기 때문에 익을수록 단맛이 강해진다. 거뭇거뭇한 반점이 생기기 직전까지 최대한 익었을 때 잼을 만들면 더욱 강한 바나나의 맛을 볼 수 있다. 시나몬 스틱을 갈아 시나몬 가루를 넣어도 된다.

Orange &
Cinnamon jam

오렌지시나몬잼

오렌지와 시나몬이 만나면 몸을 따뜻하게 해주는 능력이 배가 됩니다.
와인을 따뜻하게 데워 마시는 지역에서는 와인을 끓일 때 이 두 가지 재료를 같이 넣고 끓이기도 합니다.

준비물
오렌지 1킬로그램, 마스코바도 100그램, 시나몬 스틱 20그램

만들기

1. 오렌지를 깨끗이 씻어 과육만 분리하여 2~3센티미터 크기로 썰어준다.
2. 1에 분량의 마스코바도를 뿌려 30분 정도 둔다.
3. 과즙이 나오면 시나몬 스틱을 넣고 중약불에 끓이면서 거품은 체로 걷어낸다.
4. 끓어오르면 약불로 줄이고 잼의 농도가 될 때까지 주걱으로 저어가며 졸인다.

포인트

시판용 계핏가루는 오래된 것일 수 있기 때문에 직접 갈아 사용하거나 스틱을 사용하는 것이 좋다. 제나나에서는 스틱을 사용한다.

Apple &
Cinnamon jam

사과시나몬잼

계피는 소화기 계통과 자궁을 따뜻하게 해 생리불순이나 생리통에 효과가 있습니다. 열이 많은 사람과 임산부는 복용을 주의해야 합니다. 계피는 열량이 높지 않아 다이어트에도 효과가 좋습니다.

준비물
사과 1킬로그램, 마스코바도 100그램, 시나몬 스틱 20그램

만들기
1. 사과를 깨끗이 씻어 껍질을 벗기고 2~3센티미터 크기로 썰어준다.
2. 1에 분량의 마스코바도를 뿌려 30분 정도 둔다.
3. 과즙이 나오면 시나몬 스틱을 넣고 중약불에 끓이면서 거품은 체로 걸러낸다.
4. 끓어오르면 약불로 줄이고 잼의 농도가 될 때까지 주걱으로 저어가며 졸인다.

포인트

계피는 버터가 들어간 음식과 잘 어울린다. 사과시나몬잼과 버터가 많이 들어간 크루아상을 곁들이면 훌륭한 간식이 된다.

Pear &
Cinnamon jam

배시나몬잼

어릴 적 감기에 걸리면 엄마는 늘 배탕을 만들어 주셨지요. 배의 속을 깨끗이 파내고 꿀과
계피를 넣어 끓인 것인데 지금 생각해보면 배시나몬잼과 맛이 같았습니다.

준비물
배 1킬로그램, 마스코바도 90그램, 시나몬 스틱 20그램

만들기
1. 배는 깨끗이 씻어 껍질을 벗기고 2~3센티미터 크기로 썰어준다.
2. 1의 배에 분량의 마스코바도를 뿌려 30분 정도 둔다.
3. 과즙이 나오면 시나몬 스틱을 넣고 중약불에 끓이면서 거품은 체로 걷어낸다.
4. 끓어오르면 약불로 줄이고 잼의 농도가 될 때까지 주걱으로 저어가며 졸인다.

포인트

배는 향이 거의 없는 과일이기 때문에 깊은 향을 가진 향신료와 잘 어울린다.

Persimmon &
Cinnamon jam

감시나몬잼

식사 후 디저트로 먹기에 곶감으로 만든 수정과와 가래떡은 환상 궁합이지요. 거기에서 힌트를 얻어 감시나몬잼을 만들었습니다.

준비물
단감 1킬로그램, 마스코바도 90그램, 시나몬 스틱 20그램

만들기
1. 단감은 잘 씻어 물기를 제거하고 꼭지와 껍질을 제거한다.
2. 1의 감에 분량의 마스코바도를 뿌려 30분 정도 둔다.
3. 과즙이 나오면 시나몬 스틱을 넣고 으깨며 중약불에 끓이면서 거품은 체로 걷어낸다.
4. 끓어오르면 약불로 줄이고 잼의 농도가 될 때까지 주걱으로 저어가며 졸인다.

포인트

감시나몬잼을 따뜻한 물에 타서 마셔도 좋고 찬물에 타서 수정과처럼 마셔도 좋다.

통후추사과잼

프랑스에서 빵을 공부할 때 친구들과의 식사는 외로움을 견디기에 큰 위로가 되었는데 사과가 많이 재배되는 프랑스 북부 출신인 한 친구가 어느 날 사과에 후추랑 올리브오일을 대충 뿌린 샐러드를 만들어 주었습니다. 보기엔 매우 간단했는데 그 맛은 지금도 잊을 수가 없습니다.

준비물
사과 1킬로그램, 마스코바도 100그램, 통후추 20그램

만들기
1. 사과를 깨끗이 씻어 껍질을 벗기고 2~3센티미터 크기로 썰어준다.
2. 1에 분량의 마스코바도를 뿌려 30분 정도 둔다.
3. 과즙이 나오면 통후추를 갈아 넣고 중약불에 끓이면서 거품은 체로 건어낸다.
4. 끓어오르면 약불로 줄이고 잼의 농도가 될 때까지 주걱으로 저어가며 졸인다.

포인트

후추가 사과의 단맛을 끓어올려 사과잼보다 더욱 단맛이 깊다. 저녁 파티 때 스파클링 와인과 크래커를 곁들이면 잼 하나로도 훌륭한 파티 안주를 만들 수 있다.

Pineapple &
Pepper jam

통후추파인애플잼

섬유질이 풍부하고 단맛이 강하며 열량이 낮아 다이어트 식품으로도 좋은 파인애플에 통후추를 섞어 잼으로 만들어 보세요. 파인애플은 과즙이 바닥 부분에 모여 있기 때문에 잎쪽을 아래로 향하게 하여 하루쯤 두었다 먹으면 더욱 맛이 좋습니다. 담백한 크래커만 있다면 간단하게 와인 안주도 만들 수 있지요.

준비물
파인애플 1킬로그램, 마스코바도 100그램, 통후추 20그램

만들기
1. 파인애플은 껍질을 잘 벗기고 심을 제거한 뒤 과육을 다져준다.
2. 1에 분량의 마스코바도를 뿌려 30분 정도 둔다.
3. 과즙이 나오면 통후추를 갈아 넣고 중약불에 끓이면서 거품은 체로 걷어낸다.
4. 끓어오르면 약불로 줄이고 잼의 농도가 될 때까지 주걱으로 저어가며 졸인다.

포인트

파인애플은 요리에도 많이 쓰이는 과일이다. 후추 이외의 다른 향신료와도 잘 어울린다. 시나몬, 바닐라, 팔각 등을 이용해 만들어보기를 권한다.

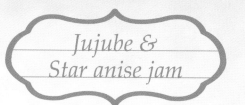
Jujube &
Star anise jam

대추팔각잼

우리는 팔각을 한약재로만 알고 있지만 유럽에서는 달콤한 향이 좋아서인지 디저트 만들 때 많이 사용합니다. 해열과 이뇨작용이 좋은 이 향신료는 가을에 재배되는 과일과 함께 먹으면 좋습니다.

준비물
생대추 1킬로그램, 마스코바도 90그램, 팔각 20그램

만들기

1. 대추를 깨끗이 씻어 반으로 갈라 씨를 제거하고 과육은 다져준다.
2. 1의 대추에 분량의 마스코바도를 뿌려 30분 정도 둔다.
3. 팔각은 깨끗이 씻어 물기를 제거한다.
4. 2에서 과즙이 나오면 팔각을 넣고 중약불에 끓이면서 거품은 체로 걷어낸다.
5. 끓어오르면 약불로 줄이고 잼의 농도가 될 때까지 주걱으로 저어가며 졸인다.

포인트 ~~~~~~

대추와 팔각은 늦가을 감기 예방에 아주 좋은 재료이다. 감기 기운이 돌 때 따뜻한 물에 대추팔각잼을 섞으면 훌륭한 차가 된다.

Pear & Star
anise jam

배팔각잼

배와 팔각을 섞으면 달콤함에 달콤함이 더해져 훨씬 맛있는 효과를 냅니다.

준비물

배 1킬로그램, 마스코바도 90그램, 팔각 20그램

만들기

1. 배는 깨끗이 씻어 껍질을 벗기고 2~3센티미터 크기로 썰어준다.
2. 1의 배에 분량의 마스코바도를 뿌려 30분 정도 둔다.
3. 팔각은 깨끗이 씻어 물기를 제거한다.
4. 2의 배에서 과즙이 나오면 팔각을 넣고 중약불에 끓이면서 거품은 체로 걷어낸다.
4. 끓어오르면 약불로 줄이고 잼의 농도가 될 때까지 주걱으로 저어가며 졸인다.

포인트

배팔각잼도 대추팔각잼처럼 따뜻하게 차로 마시면 감기 예방에 좋다. 겨울철 손님상 디저트로도 손색이 없다.

바닐라바나나잼

달콤한 바닐라 향은 디저트의 화룡점정과도 같은 존재입니다. 바나나는 바닐라와 가장 궁합이 좋은 과일입니다.

준비물
바나나 1킬로그램, 마스코바도 90그램, 바닐라빈 20그램

만들기
1. 바나나는 껍질을 벗긴 뒤 1센티미터 크기로 썰어준다.
2. 1의 바나나에 분량의 마스코바도를 뿌려 30분 정도 둔다.
3. 바닐라 빈은 세로로 길게 갈라 씨를 긁어낸다.
4. 2와 3을 섞어 으깨가며 중약불에 끓이면서 거품은 체로 걷어낸다.
5. 끓어오르면 약불로 줄이고 잼의 농도가 될 때까지 주걱으로 저어가며 졸인다.

포인트

바닐라빈을 추가해 바나나의 달콤한 향을 더욱 극대화해 담백한 크래커 위에 올려 디저트로 먹으면 맛있다. 담백한 푸딩과도 잘 어울린다.

Vanilla & Apple
jam

바닐라사과잼

달콤한 맛과 가벼운 계피향을 가진 바닐라는 아이스크림이나 케이크, 초콜릿 등 주로 디저트에 사용되는 향신료로 사과와도 매우 잘 어울립니다.

준비물
사과 1킬로그램, 마스코바도 90그램, 바닐라빈 20그램

만들기
1. 사과는 깨끗이 씻어 껍질을 벗긴 뒤 2~3센티미터 크기로 썰어준다.
2. 1의 사과에 마스코바도를 넣고 30분 정도 둔다.
3. 바닐라빈은 세로로 길게 갈라 씨를 긁어낸다.
4. 2에서 과즙이 나오면 3을 넣고 중약불에 끓이면서 거품은 체로 걷어낸다.
5. 끓어오르면 약불로 줄이고 잼의 농도가 될 때까지 주걱으로 저어가며 졸인다.

포인트

애플파이를 만들 때 대부분 시나몬을 넣지만 바닐라가 들어간 애플파이도 색다르고 맛있다.

바닐라고구마잼

고구마는 매우 흔한 식재료이지만 바닐라빈을 넣어 고구마의 풍미를 더욱 살릴 수 있는 잼입니다. 고구마를 삶기 전에 최대한 깨끗하게 씻어 고구마 삶은 물을 사용하는 것이 좋습니다.

준비물
고구마 1킬로그램, 마스코바도 90그램, 바닐라빈 20그램, 고구마 삶은 물 100밀리리터

만들기
1. 고구마는 깨끗이 씻어 삶은 뒤 껍질을 벗기고 2~3센티미터 크기로 썰어준다.
2. 바닐라빈은 세로로 길게 갈라 씨를 긁어낸다.
3. 고구마에 바닐라빈과 분량의 마스코바도, 고구마 삶은 물을 넣고 중약불에 끓인다.
4. 끓어오르면 약불로 줄이고 잼의 농도가 될 때까지 주걱으로 저어가며 졸인다.

포인트

다른 과일이 들어가지 않고 고구마만 들어간 잼은 수분이 없기 때문에 고구마 삶은 물을 추가하며 잼의 농도를 만들어준다. 맹물보다 고구마 삶은 물을 사용하면 고구마의 풍미가 깊어진다.

우유가 듬뿍, 고소한 밀크 잼 캐러멜 잼

오리지널밀크잼
녹차밀트잼
코코넛밀크잼
홍차밀크잼
호두밀크잼
캐러멜잼
견과류캐러멜잼
소금캐러멜잼

Original Milk
jam

오리지널밀크잼

최근 들어 우유가 들어간 잼의 인기가 상당히 높아지고 있습니다. 우유잼은 달콤하고 고소하면서 부드럽고 다양한 과일과도 잘 어울리지요. 우유가 들어간 잼은 만드는 방법이 간단해 보이지만 시간이 오래 걸리고 잘 끓어 넘치기 때문에 세심한 주의가 필요합니다. 생크림이 없으면 우유를 더 넣으면 됩니다.

준비물
우유 3리터, 생크림 300밀리리터, 마스코바도 100그램

만들기

1. 우유와 생크림, 마스코바도를 섞는다.
2. 1을 타지 않도록 중약불에서 천천히 저어가며 끓인다.
3. 끓어오르면 약불로 줄이고 양이 반으로 줄어들 때까지 주걱으로 저어가며 졸인다.
4. 연유처럼 주르륵 흐르는 농도가 되면 불을 끈다.

포인트

우유는 순식간에 끓어 넘치므로 우유의 양보다 훨씬 크고 깊은 냄비를 준비하고 타지 않게 계속 저어주어야 한다. 밀크잼은 식으면서 잼처럼 굳으므로 조금 묽어도 괜찮다.

녹차밀크잼

녹차밀크잼은 우유와 녹차가 만나 녹차라떼의 부드럽고 산뜻한 맛을 느낄 수 있는 잼입니다. 녹차(말차) 가루가 없으면 티백을 사용해도 무난합니다. 생크림은 시판용을 사용해도 되고 생크림이 없으면 우유를 더 넣으면 됩니다.

준비물
우유 3리터, 생크림 300밀리리터, 마스코바도 100그램, 녹차(말차가루) 30그램

만들기
1. 분량의 재료들을 모두 섞는다.
2. 1을 타지 않도록 중약불에서 천천히 저어가며 끓인다.
3. 끓어오르면 약불로 줄이고 양이 반으로 줄어들 때까지 주걱으로 저어가며 졸인다.
4. 연유처럼 주르륵 흐르는 농도가 되면 불을 끈다.

포인트

재료를 섞을 때 녹차(말차)가루가 잘 풀어지도록 한다. 먼저 우유와 생크림, 마스코바도를 중불에서 끓이다 녹차 가루를 넣어도 되지만 순식간에 넘치기 때문에 모두 섞어서 천천히 끓인다. 밀크잼은 식으면서 잼처럼 굳으므로 조금 묽어도 괜찮다.

Coconut &
Milk jam

코코넛밀크잼

동남아시아에서는 즙이 풍부해 음료로도 마시기 좋은 코코넛을 우유 대신 사용하기도 합니다. 코코넛에는 칼륨이 많아 나트륨 배출에 좋을 뿐 아니라 코코넛의 과육에는 섬유질이 많고 탄수화물이 적습니다.

준비물
우유 3리터, 생크림 300밀리리터, 마스코바도 100그램, 말린 코코넛 과육 100그램

만들기
1. 말린 코코넛 과육은 믹서로 갈아준다.
2. 1과 분량의 재료들을 모두 섞는다.
3. 2를 타지 않도록 중약불에서 천천히 저어가며 끓인다.
4. 끓어오르면 약불로 줄이고 양이 반으로 줄어들 때까지 주걱으로 저어가며 졸인다.
5. 연유처럼 주르륵 흐르는 농도가 되면 불을 끈다.

포인트

말린 코코넛은 물을 넣지 않아도 믹서로 잘 갈리고, 푸드프로세서로 다져도 잘 다져진다.
밀크잼은 식으면서 잼처럼 굳으므로 조금 묽어도 괜찮다.

Earl Grey &
Milk jam

홍차밀크잼

홍차밀크잼을 만들 때 제나나에서는 '웨딩임페리얼'이라는 홍차를 사용하는데 잼을 만들 때는 기호에도 맞고 밀크티와 잘 어울리는 홍차를 선택하는 것이 좋습니다.

준비물
우유 3리터, 생크림 300밀리리터, 홍차 30그램, 마스코바도 100그램

만들기
1. 분량의 재료들을 모두 섞는다.
2. 1을 타지 않도록 중약불에서 천천히 저어가며 끓인다.
3. 끓어오르면 약불로 줄이고 양이 반으로 줄어들 때까지 주걱으로 저어가며 졸인다.
4. 연유처럼 주르륵 흐르는 농도가 되면 불을 끈다.

포인트

제나나잼에서는 홍차 잎을 갈아서 사용한다. 홍차 잎의 껄끄러운 느낌이 싫다면 티백에 넣어 밀크티를 충분히 우린 후 티백을 꺼내면 된다.

Walnut & Milk
jam

호두밀크잼

지방이 많고 고소한 호두와 우유의 조합은 어떨까요? 부드럽고 고소한 잼을 한입 떠서 먹으면 호두의 씹히는 식감이 그대로 전해지면서 기분까지 좋아집니다. 호두를 믹서기에 갈아서 사용하기도 하지만 칼로 대충 으깨면 그 느낌을 더욱 살릴 수 있지요.

준비물
우유 3리터, 생크림 300밀리리터, 호두 100그램, 마스코바도 100그램

만들기

1. 호두는 칼로 다지듯 으깬다.
2. 1과 분량의 재료들을 모두 섞는다.
3. 2를 타지 않도록 중약불에서 천천히 저어가며 끓인다.
4. 끓어오르면 약불로 줄이고 양이 반으로 줄어들 때까지 주걱으로 저어가며 졸인다.
5. 연유처럼 주르륵 흐르는 농도가 되면 불을 끈다.

포인트

오래된 호두로 잼을 만들면 자체의 기름이 다 빠져나올 뿐 아니라 호두의 고소한 풍미는 사라지고 느끼함만 남는다. 호두는 냉동보관을 하고 사용 전에 살짝 볶으면 풍미도 살리고 훨씬 고소하고 맛있다.

Caramel jam

캐러멜잼

캐러멜은 위스키의 안주나 간단한 간식으로 쓰이는 음식입니다. 잼으로 만들어서 빵에 발라 먹으면 또 다른 풍미를 느낄 수 있습니다.

준비물
물 50밀리리터, 마스코바도 100그램, 생크림 100밀리리터

만들기
1. 물과 마스코바도를 넣고 거품이 날 때까지 중약불에 끓인다.
2. 거품이 나기 시작하면 생크림을 넣는다.
3. 갈색을 띠기 시작하면 아주 약한 불로 줄이고 주걱으로 재빠르게 저어가며 졸인다.

포인트

생크림은 시판용을 사용해도 무방하다. 생크림을 넣으면 넘칠 수 있으니 주의해야 한다.

견과류캐러멜잼

캐러멜잼에 견과류를 넣으면 새로운 에너지바가 될 수 있습니다. 땅콩버터 못지않은 고소함과 건강함을 느낄 수 있지요.

준비물
물 50밀리리터, 마스코바도 100그램, 생크림 100밀리리터, 견과류 30그램

만들기
1. 물과 마스코바도를 넣고 거품이 날 때까지 중약불에 끓인다.
2. 거품이 나기 시작하면 생크림과 견과류를 넣는다.
3. 갈색을 띠기 시작하면 아주 약한 불로 줄이고 주걱으로 재빠르게 저어가며 졸인다.

포인트

끓이는 중 생크림이 들어가면 넘칠 수 있으므로 주의해야 한다.

소금캐러멜잼

캐러멜에 소금이 들어가면 달콤한 맛은 배가 되고 캐러멜의 개성도 돋보입니다.
우유에 소금 한 자밤 넣으면 우유맛이 더욱 고소해지지요. 또 팥죽에 소금 한 자밤 들어가
면 단맛이 증가하면서 맛도 깊어지지요. 그와 같은 원리랍니다.

준비물
물 50밀리리터, 마스코바도 100그램, 생크림 100밀리리터, 소금 5그램

만들기
1. 물과 마스코바도를 넣고 거품이 날 때까지 중약불에 끓인다.
2. 거품이 나기 시작하면 생크림과 소금을 넣는다.
3. 갈색을 띠기 시작하면 아주 약한 불로 줄이고 주걱으로 재빠르게 저어가며 졸인다.

포인트

끓이는 중 생크림이 들어가면 넘칠 수 있으므로 주의해야 한다. 소금캐러멜잼은 기름기 없
이 담백한 크래커에 발라 먹기 좋다.

151

알맹이가 톡톡톡 시트러스 잼

오렌지잼
오렌지마멀레이드
귤잼
자몽잼
레몬마멀레이드
유자배잼
유자마멀레이드

오렌지잼

오렌지잼은 오렌지 껍질이 들어간 마멀레이드처럼 씹히는 식감을 싫어하는 사람을 위한
잼으로 과육 위주로 만드는 잼이지요. 하지만 오렌지 껍질을 소량 넣게 되면 향이 더욱 짙
어집니다. 제나나에서는 오렌지 껍질을 사용합니다.

준비물
오렌지 과육 1킬로그램, 오렌지 두 개 분량 제스트, 마스코바도 100그램, 베이킹소다 약간

만들기
1. 오렌지는 베이킹소다로 잘 문질러 깨끗이 씻어 껍질과 과육을 분리한다.
2. 오렌지 두 개의 껍질을 강판에 갈아 제스트를 만들고 과육은 2~3센티미터 크기로 썰
   어준다.
3. 2에 분량의 마스코바도를 뿌려 30분 정도 둔다.
4. 과즙이 나오면 중약불에 끓이면서 거품은 체로 걷어낸다.
5. 끓어오르면 약불로 줄이고 잼의 농도가 될 때까지 주걱으로 저어가며 졸인다.

포인트

오렌지의 껍질을 벗길 때 미리 세로로 칼집을 넣으면 껍질을 벗기기 쉽다. 또, 하얀 내피를
제거하면 쓴맛을 없앨 수 있다. 껍질을 넣지 않고 과육만으로 잼을 만들면 부드럽게 먹을
수 있다.

Orange
marmalade

오렌지마멀레이드

오렌지는 향기가 좋아 냄새만 맡아도 기분이 좋아지고 새콤달콤해서 많은 사람이 즐겨 먹지요. 비타민 C가 풍부하여 항산화작용이 뛰어나고 면역 기능을 강화시킨다고 합니다. 모양이 둥글고 무거우면서 껍질이 부드러운 것으로 고르는 것이 좋습니다.

준비물
오렌지 1킬로그램, 마스코바도 100그램, 베이킹소다 약간

만들기
1. 오렌지는 베이킹소다로 잘 문질러 깨끗이 씻어 물기를 제거하고 찢어지거나 조각나지 않게 껍질을 벗겨 채 썬다.
2. 오렌지 과육은 2~3센티미터 크기로 썰어준다.
3. 2와 오렌지 과육 무게 절반의 채 썬 껍질을 섞고 마스코바도를 뿌려 30분 정도 둔다.
4. 과즙이 나오면 중약불에 끓이면서 거품은 체로 건어낸다.
5. 끓어오르면 약불로 줄이고 잼의 농도가 될 때까지 주걱으로 저어가며 졸인다.

포인트

껍질을 사용하기 때문에 베이킹소다를 뿌려 꼼꼼하게 문질러 세척한다. 시트러스류의 과일은 크림치즈와 잘 어울리기 때문에 크림치즈 두 스푼, 잼 한 스푼을 잘 섞어서 빵이나 크래커에 올려 먹으면 또 다른 풍미를 느낄 수 있다. 오렌지의 하얀 내피는 제거한다.

귤잼

겨울에는 만화책과 귤만 있으면 일주일, 열흘 할 것 없이 집에만 있어도 행복했습니다. 동생과 둘이 귤 한 상자를 하루에 다 먹은 적도 있지요. 귤은 그냥 먹어도 맛있지만 잼으로 만들어 놓고 구운 가래떡을 찍어 먹어도 그 맛이 일품입니다.

준비물
귤 1킬로그램, 마스코바도 100그램, 베이킹소다 약간

만들기
1. 귤은 베이킹소다로 잘 문질러 깨끗이 씻어 껍질을 벗기고 내피까지 벗긴다.
2. 귤 껍질과 과육을 분리해 각각 잘게 다진다.
3. 2의 껍질과 과육을 섞고 분량의 마스코바도를 뿌려 30분 정도 둔다.
4. 과즙이 나오면 중약불에 끓이면서 거품은 체로 건어낸다.
5. 끓어오르면 약불로 줄이고 잼의 농도가 될 때까지 주걱으로 저어가며 졸인다.

포인트

귤은 겉껍질을 벗겼을 때, 알맹이에 막이 있기 때문에 마스코바도로 재워도 과즙이 나올 수 없다. 그렇기 때문에 과육이 드러나도록 잘게 다지거나 으깨야 한다.

자몽잼

달콤 쌉싸름한 자몽은 생각보다 수분이 많아서 잼을 만들 때 시간이 좀 더 걸립니다. 잼으로 만들어 먹으면 마냥 달지 않은 게 참 매력적입니다. 정성이 들어간 만큼 자꾸 손이 가는 잼이지요.

준비물
자몽 1킬로그램, 마스코바도 100그램

만들기
1. 자몽은 깨끗이 씻어 속껍질까지 벗긴 후 2~3센티미터 크기로 썰어준다.
2. 자몽 과육에 마스코바도를 뿌려 30분 정도 둔다.
3. 과즙이 나오면 중약불에 끓이면서 거품은 체로 걸어낸다.
4. 끓어오르면 약불로 줄이고 잼의 농도가 될 때까지 주걱으로 저어가며 졸인다.

포인트

감귤류의 과일은 알맹이 겉에 막이 있기 때문에 꼭 썰어주어야 마스코바도를 뿌렸을 때 과즙이 생긴다. 수분이 많은 과일이므로 깊은 냄비를 사용하는 것이 좋다.

Lemon marmalade

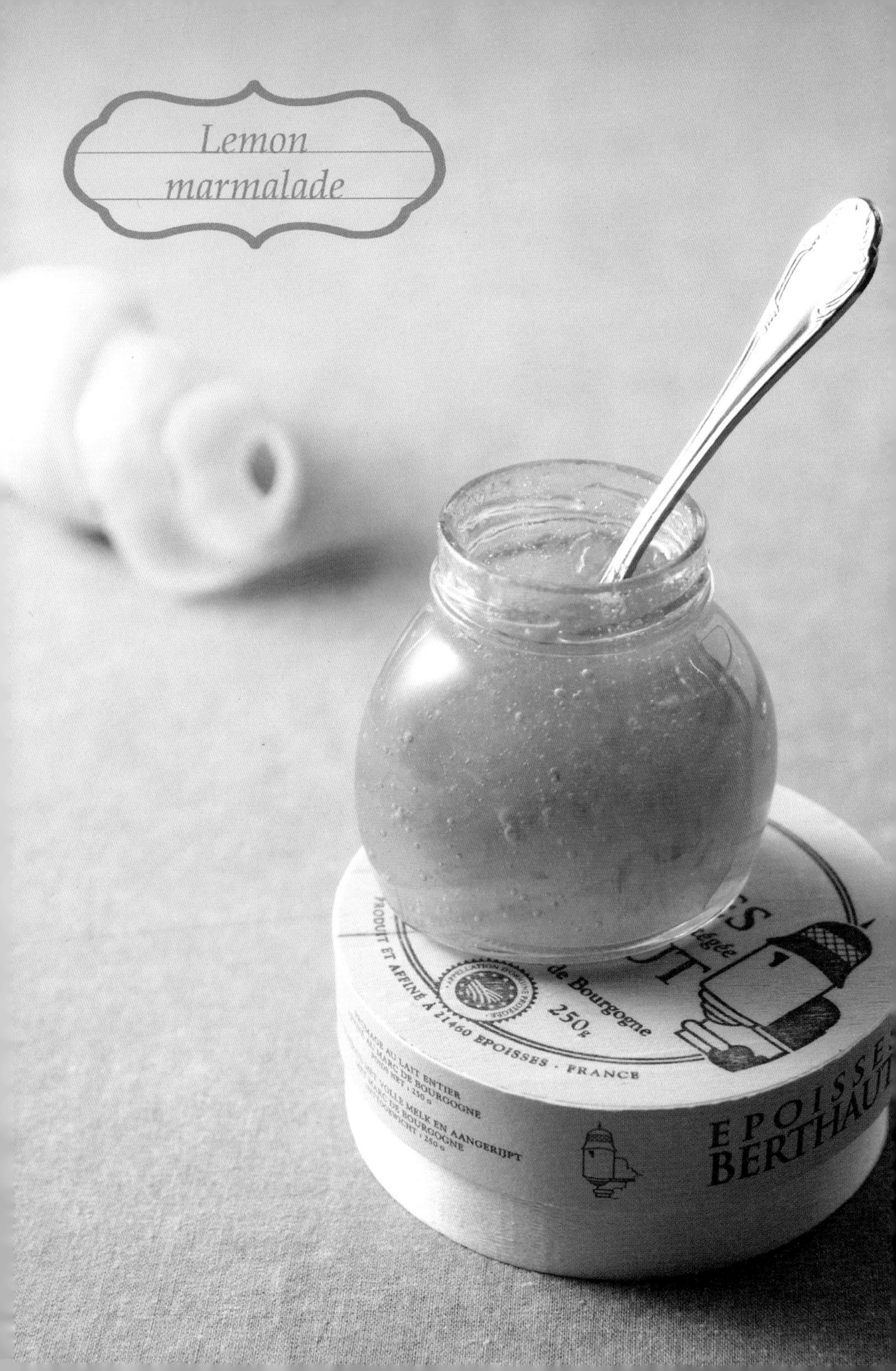

레몬마멀레이드

마멀레이드는 감귤류의 과일로 만드는 잼의 한 종류입니다. 과일의 껍질과 과육을 설탕에 조려 씹히는 식감이 있어 잼과는 풍미가 다릅니다.

준비물
레몬 1킬로그램, 마스코바도 100그램, 베이킹소다 약간

만들기
1. 레몬은 베이킹소다로 잘 문질러 깨끗이 씻은 뒤 껍질과 과육을 분리한다.
2. 껍질 안쪽의 하얀 부분을 제거한 뒤 채 썰고 과육은 2~3센티미터 크기로 썰어준다.
3. 레몬 과육과 과육 무게 절반의 채 썬 껍질을 섞고 마스코바도를 뿌려 30분 정도 둔다.
4. 과즙이 나오면 중약불에 끓이면서 거품은 체로 걸어낸다.
5. 끓어오르면 약불로 줄이고 잼의 농도가 될 때까지 주걱으로 저어가며 졸인다.

포인트

감귤류의 과일은 크림치즈와 잘 어울리기 때문에 크림치즈 두 스푼, 잼 한 스푼을 잘 섞어서 빵이나 크래커에 올려 먹으면 맛있다.

Citron & Pear
jam

유자배잼

향이 부드럽고 맛이 달콤한 유자는 11월부터 2월까지 제철입니다. 껍질이 울퉁불퉁하고 못생겼지만 비타민 C가 풍부해 겨울이 시작되면 감기 예방을 위해 빠질 수 없는 과일이지요. 이 두 과일은 영양이나 맛으로도 궁합이 좋아 요리에 많이 응용됩니다.

준비물
배 500그램, 유자 500그램, 마스코바도 90그램

만들기
1. 유자는 껍질을 벗긴 뒤 씨를 빼고 과육만 사용한다.
2. 배는 깨끗이 씻어 껍질을 벗기고 2~3센티미터 크기로 썰어준다.
3. 1과 2를 섞고 분량의 마스코바도를 뿌려 30분 정도 둔다.
4. 과즙이 나오면 중약불에 끓이면서 거품은 체로 걷어낸다.
5. 끓어오르면 약불로 줄이고 잼의 농도가 될 때까지 주걱으로 저어가며 졸인다.

포인트

유자에는 알알마다 씨가 들어 있다. 유자가 들어간 잼은 대체로 고소하고 부드러운 빵에 잘 어울린다. 여기에 꿀을 조금 섞으면 훌륭한 유자차가 된다.

Citron
marmalade

유자마멀레이드

울퉁불퉁 못생긴 유자는 씨가 많아 먹기 불편한 과일이지만 감기 예방에 좋다고 알려져 있지요. 유자마멀레이드를 빵 속에 가득 넣어 한입 크게 물면 입안 가득 유자향이 퍼집니다. 만들기도 쉽고 식감이 좋아 간식으로 먹기에 좋습니다.

준비물
유자 1킬로그램, 마스코바도 100그램, 베이킹소다 약간

만들기
1. 유자는 베이킹소다로 잘 문질러 깨끗이 씻은 뒤 껍질과 과육을 분리한다.
2. 껍질 안쪽의 하얀 부분을 제거한 뒤 채 썰고 과육은 씨를 제거한 뒤 2~3센티미터 크기로 썰어준다.
3. 유자 과육과 과육 무게 절반의 채 썬 껍질을 섞고 마스코바도를 뿌려 30분 정도 둔다.
4. 과즙이 나오면 중약불에 끓이면서 거품은 체로 걷어낸다.
5. 끓어오르면 약불로 줄이고 잼의 농도가 될 때까지 주걱으로 저어가며 졸인다.

포인트

유자마멀레이드는 샐러드에 얹어 먹어도 좋고, 플레인 요거트와 섞어 먹어도 좋다.

스콘과 환상 궁합, 부드러운 커드

딸기커드
블루베리커드
파인애플커드
살구커드
레몬커드
오렌지커드
유자커드

Strawberry
curd

딸기커드

커드는 커스터드 크림 상태의 페이스트를 말하는데 끈적끈적한 맛이 특징으로 '과일 버터' 혹은 '과일 치즈'라고도 합니다. 이 크림을 딸기로 만든 것이 바로 딸기 커드입니다. 딸기와 달걀의 조화가 부드러워 비스킷에 많이 발라 먹는 잼입니다.

준비물
딸기 1리터(갈아서 준비), 버터 300그램, 마스코바도 300그램, 달걀 10개

만들기
1. 딸기는 깨끗이 씻어 믹서기에 갈아 1리터 준비한다.
2. 1의 딸기와 버터, 마스코바도를 섞어 약불에서 녹여준다.
3. 달걀은 곱게 풀어 체에 내린다.
4. 2에 달걀을 조금씩 넣어가며 저어준다.
5. 달걀을 다 넣고 젓는 동안 굳어 크림 상태가 되면 병입한다.

포인트

딸기커드는 마카롱 사이에 샌드하는 필링제로도 이용할 수 있다. 달걀은 체에 내려야 알끈을 제거할 수 있다.

블루베리커드

베리류의 과일은 버터와 잘 어울려 커드잼을 만들기 유용합니다. 다른 베리류의 과일도 커드로 만들 수 있습니다. 과즙이 풍부할수록 맛있는 커드가 되지요.

준비물
블루베리 1리터(갈아서 준비), 버터 300그램, 마스코바도 300그램, 달걀 10개

만들기
1. 블루베리는 깨끗이 씻어 믹서로 갈아 1리터 준비한다.
2. 1의 블루베리와 버터, 마스코바도를 섞어 약불에서 녹여준다.
3. 달걀은 곱게 풀어 체에 내린다.
4. 2에 달걀을 조금씩 넣어가며 저어준다.
5. 달걀을 다 넣고 젓는 동안 굳어 크림 상태가 되면 병입한다.

포인트

달걀을 풀 때 거품기를 이용하여 섞으면 훨씬 편리하다. 달걀은 체에 내려야 알끈을 제거할 수 있다.

Pineapple
curd

파인애플커드

싱가포르의 대표적인 잼 중 카야잼은 주로 아침 식사로 먹는데 코코넛과 달걀, 판단 잎을 첨가하여 만든다고 합니다. 우리나라에서는 코코넛을 구하기 어렵기 때문에 파인애플을 이용해 만들면 됩니다.

준비물
파인애플 1리터(갈아서 준비), 버터 300그램, 마스코바도 300그램, 달걀 10개

만들기
1. 파인애플은 껍질을 잘 벗기고 심을 제거한 뒤 믹서에 갈아 1리터 준비한다.
2. 1의 파인애플과 버터, 마스코바도를 섞어 약불에서 녹여준다.
3. 달걀은 곱게 풀어 체에 내린다.
4. 2에 달걀을 조금씩 넣어가며 저어준다.
5. 달걀을 다 넣고 젓는 동안 굳어 크림 상태가 되면 병입한다.

포인트

파인애플의 당도가 너무 높으면 마스코바도의 양을 적게 넣어 맛을 조절하는 것이 좋다.

Apricot curd

살구커드

입안 가득 풍부한 과즙과 새콤달콤한 맛이 매력적인 살구는 해독 작용과 노화 예방, 항암 효과까지 탁월해 젊음의 묘약이라고 하지요. 여름 과일인 살구의 은은한 맛과 향을 커드로 만나보세요.

준비물
살구 1리터(갈아서 준비), 버터 300그램, 마스코바도 300그램, 달걀 10개

만들기
1. 살구를 깨끗이 씻어 씨를 제거한 뒤 믹서에 갈아 1리터 준비한다.
2. 1의 살구와 버터, 마스코바도를 섞어 약불에서 녹여준다.
3. 달걀은 곱게 풀어 체에 내린다.
4. 2에 달걀을 조금씩 넣어가며 저어준다.
5. 달걀을 다 넣고 젓는 동안 굳어 크림 상태가 되면 병입한다.

포인트

버터는 딱딱하지만 열을 가하면 금세 액체 상태로 된다. 센 불로 가열하면 버터가 탈 수 있으니 약한 불에서 천천히 녹이는 것이 좋다.

Lemon
curd

레몬커드

레몬커드를 스콘에 발라 먹으면 스콘의 식감과 부드러운 커드의 궁합이 환상입니다. 커드를 처음 알게 된 것은 영국의 '에프터눈 티' 숍에서 먹어 본 티 푸드였습니다. 레몬커드의 상큼함과 스콘의 고소함. 그 맛을 잊지 못해 연습에 연습을 거듭해 만든 레시피입니다.

준비물
레몬 1리터, 버터 300그램, 마스코바도 300그램, 달걀 10개, 베이킹소다 약간

만들기
1. 레몬은 베이킹소다로 문질러 깨끗이 씻은 뒤 물기를 제거한다.
2. 1의 레몬은 껍질째 강판에 갈아 제스트를 만들어 반은 즙을 짜준다.
3. 2의 제스트와 즙을 섞은 뒤 버터와 마스코바도를 넣고 약불에 녹여준다.
4. 달걀을 곱게 풀어 체에 내린다.
5. 3에 달걀을 조금씩 넣어가며 저어준다.
6. 달걀을 다 넣고 젓는 동안 굳어 크림 상태가 되면 병입한다.

포인트

2의 제스트와 즙을 짠 반의 분량을 섞으면 1리터가 된다.

오렌지커드

오렌지커드는 레몬커드의 신맛이 힘든 사람들에게 추천할 수 있습니다. 좀 더 달콤하고 과육의 느낌도 풍부해 어린아이들이 많이 좋아하는 잼입니다.

준비물

오렌지 1리터, 버터 300그램, 마스코바도 300그램, 달걀 10개, 베이킹소다 약간

만들기

1. 오렌지는 베이킹소다로 잘 문질러 깨끗이 씻은 뒤 물기를 제거한다.
2. 1의 오렌지는 껍질째 강판에 갈아 제스트를 만들어 반은 즙을 짜준다.
3. 2의 제스트와 즙을 섞은 뒤 버터와 마스코바도를 넣고 약불에 녹여준다.
4. 달걀을 곱게 풀어 체에 내린다.
5. 3에 달걀을 조금씩 넣어가며 저어준다.
6. 달걀을 다 넣고 젓는 동안 굳어 크림 상태가 되면 병입한다.

포인트

2의 제스트와 즙을 짠 반의 분량을 섞으면 1리터가 된다.

Citron
curd

유자커드

유럽에서는 유자를 일본레몬이라고 합니다. 감귤류 과일 중 향이 가장 좋다고 정평이 나 있죠. 예전에 비해 요새는 레몬커드보다 훨씬 반응이 좋고 인기 있는 잼입니다. 유자는 장기 보관이 어려워 12~1월 한정이라는 아쉬움이 있지요.

준비물
유자 1리터, 버터 300그램, 마스코바도 300그램, 달걀 10개, 베이킹소다 약간

만들기
1. 유자는 베이킹소다로 문질러 깨끗이 씻은 뒤 물기를 제거한다.
2. 1의 유자는 껍질째 강판에 갈아 제스트를 만들어 반은 즙을 짜준다.
3. 2의 제스트와 즙을 섞은 뒤 버터와 마스코바도를 넣고 약불에 녹여준다.
4. 달걀을 곱게 풀어 체에 내린다.
5. 3에 달걀을 조금씩 넣어가며 저어준다.
6. 달걀을 다 넣고 젓는 동안 굳어 크림 상태가 되면 병입한다.

포인트 〰〰〰〰〰〰〰〰〰〰〰〰〰〰〰〰〰〰〰〰〰〰〰〰〰〰〰

2의 제스트와 즙을 짠 반의 분량을 섞으면 1리터가 된다. 유자의 과육은 씨를 제거한 뒤 믹서로 갈아주면 된다.

건강한 맛에 눈이 번쩍, 든든한 곡물 잼

팥잼
흑임자잼
녹두잼
완두콩잼

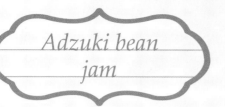

*Adzuki bean
jam*

팥잼

이뇨작용이 탁월한 팥은 맛이 좋아 떡고물이나 빙수, 양갱의 재료로 자주 이용되지요. 비타민 B1이 많이 들어 있어 소화흡수율을 높여주고 지방의 분해력도 좋아 다이어트에도 효과적입니다.

준비물

팥 400그램, 마스코바도 80그램, 물 800밀리리터

만들기

1. 팥은 깨끗이 씻은 뒤 8~12시간 정도 불린다.
2. 팥 양의 두 배의 물을 붓고 삶아준다.
3. 팥이 잘 삶아지면 분량의 마스코바도를 넣고 으깨면서 중불에 끓인다.
4. 끓어오르면 약불로 줄이고 잼의 농도가 될 때까지 저어가며 졸인다.

포인트

탄수화물이 많은 팥은 잘 끓어 넘치고 잼이 되기까지 시간이 많이 걸리지 않는다. 얼린 우유에 올려 먹으면 맛있는 팥빙수가 된다. 물은 팥 양의 두 배를 사용하면 알맞다.

Black sesame
jam

흑임자잼

검은깨를 흑임자라고 하는데 예부터 검은 음식은 항산화작용이 뛰어나 젊음을 돌려준다고 했답니다. 고소한 맛을 가진 흑임자는 열량이 높기 때문에 다이어트를 하는 분들은 섭취에 주의해야 합니다.

준비물
흑임자 80그램, 생크림 100밀리리터
물에 불려 간 대두 100밀리리터, 마스코바도 80그램

만들기
1. 흑임자를 물에 불려 간 대두와 같이 믹서에 갈아준다.
2. 1에 생크림과 마스코바도를 넣고 중약불에 끓인다.
3. 끓어오르면 약불로 줄이고 잼의 농도가 될 때까지 저어가며 졸인다.

포인트

대두는 하루 전부터 물에 불려 놓는다. 잼을 만드는 과정에서 끓어 넘치기 쉬우므로 주의해야 한다.

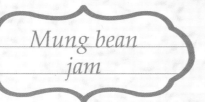

Mung bean
jam

녹두잼

녹두에 대한 추억이 있습니다. 중국에 갔을 때 호기심이 발동하여 녹두 맛 아이스크림을 처음 맛보았는데 어찌나 맛있던지 하루에 열 개도 넘게 먹은 적이 있지요. 물론 다음 날 화장실에 들락거리느라 정말 힘들었지만요.

준비물
녹두 400그램, 마스코바도 80그램, 물 800밀리리터

만들기
1. 녹두를 깨끗이 씻은 뒤 하루 전날 물에 불려준다.
2. 녹두 양의 두 배 정도의 물을 붓고 삶아준다.
3. 녹두가 잘 삶아지면 분량의 마스코바도를 넣고 으깨면서 중약불에 끓인다.
4. 끓어오르면 약불로 줄이고 잼의 농도가 될 때까지 저어가며 졸인다.

포인트

녹두는 껍질을 벗기지 않은 것으로 사용한다. 껍질을 벗기지 않아야 단맛이 더욱 강해진다. 녹두를 삶은 뒤 믹서에 갈면 더욱 부드러운 잼을 만들 수 있다.

Pea
jam

완두콩잼

봄에 나오는 햇완두콩의 단맛과 고소함을 잼에 담아보세요. 완두콩은 콩의 모양이 고르고 짙은 녹색을 띠는 것이 좋습니다. 완두콩은 콩 중에서 식이섬유가 가장 풍부하여 변비 예방에도 좋다고 합니다.

준비물
완두콩 1킬로그램, 마스코바도 100그램, 소금 1자밤

만들기
1. 껍질을 깐 완두콩을 깨끗이 씻은 다음 소금을 넣고 삶아준다.
2. 잘 삶아진 완두콩에 분량의 마스코바도를 넣고 중약불에 끓인다.
3. 끓어오르면 약불로 줄이고 잼의 농도가 될 때까지 저어가며 졸인다.

포인트

완두콩은 4월 말에서 5월 초에 수확하는 데 첫 번째 수확한 완두가 가장 연하고 잼을 만들기에도 좋다. 삶은 완두콩을 갈아서 사용하려면 우유를 조금 넣고 갈아준다. 색깔도 예뻐지고 고소한 맛도 증가한다.

변신을 꿈꾸는 채소 잼

당근잼
당근파인애플잼
단호박잼
단호박오렌지잼
고구마잼
고구마바나나잼
양파잼
마늘잼
생강잼

Carrot
jam

당근잼

당근은 색깔도 예쁘고 달콤한 맛과 향긋한 냄새를 가진 채소로 주로 수프나 주스를 만드는 데 잼으로 만들면 상큼한 맛이 일품이지요. 당근은 식이섬유가 풍부하지만 수분이 적고 다른 채소에 비해 칼로리가 높은 편입니다.

준비물
당근 1킬로그램, 마스코바도 100그램, 물 500밀리리터

만들기

1. 당근은 깨끗이 씻어 껍질을 벗겨준다.
2. 2~3센티미터 크기로 썰어 믹서로 갈아준다.
3. 2와 준비한 물을 넣고 끓인다.
4. 3에 마스코바도를 뿌린 뒤 중약불에 끓인다.
5. 끓어오르면 약불로 줄이고 눌지 않도록 저어가며 졸인다.

포인트

당근은 익힐수록 단맛이 더욱 강해지는 채소다. 당근잼에 건포도를 곁들여 샐러드 드레싱으로 이용해도 맛있다. 당근을 믹서기로 갈 때 물을 넣지 않아도 된다. 당근은 수분이 적은 채소이기 때문에 눌어 붙기 쉽다.

Carrot &
Pineapple jam

당근파인애플잼

제나나에서는 시식만 하면 무조건 판매되는 잼이 바로 당근파인애플잼입니다. 당근 때문인지 대부분 시식을 꺼리다가 용기를 내 시식하면 기대 이상의 맛이라며 다들 흡족해합니다. 이 의외의 조합은 샌드위치, 요거트 할 것 없이 어디에든 다 잘 어울립니다.

준비물
당근 500그램, 파인애플 500그램, 마스코바도 100그램

만들기
1. 당근은 깨끗이 씻어 껍질을 벗긴다.
2. 2~3센티미터 크기로 듬성듬성 썰어 믹서로 갈아준다.
3. 2의 당근에 마스코바도를 뿌린다.
4. 파인애플은 과육을 분리해 믹서로 갈아준다.
5. 3과 4를 중약불에 끓인다.
6. 끓어오르면 약불로 줄이고 잼의 농도가 될 때까지 저어가며 졸인다.

포인트

섬유질이 많은 당근과 과일을 올리브오일과 섞으면 별미다.

Sweetpumpkin
jam

단호박잼

다양한 호박 중 전분과 비타민, 미네랄이 많이 함유된 단호박은 쪄서 먹어도 맛있고 호박죽을 끓여도 맛있는 영양 만점의 채소입니다. 이런 단호박으로 잼을 만들면 달콤하고 부드러워서 남녀노소 누구 나 좋아하지요.

준비물
단호박 1킬로그램, 마스코바도 100그램

만들기
1. 단호박을 깨끗이 씻어 반으로 갈라 씨를 제거한 뒤 3센티미터 크기로 썰어준다.
2. 1에 분량의 마스코바도를 뿌린다.
3. 중약불에 단호박을 삶은 뒤 으깨면서 끓인다.
4. 끓어오르면 약불로 줄이고 잼의 농도가 될 때까지 저어가며 졸인다.

포인트

단호박은 섬유질이 많고 으깨면 잼의 농도가 빨리 되기 때문에 눋지 않도록 주의하며 잘 저어야 한다.

단호박오렌지잼

단호박은 늦가을에 수확해 잘 묵혔다가 겨울 내내 먹어도 좋은 채소입니다. 햇봄에 단호박과 제주에서 올라온 오렌지가 만났을 때의 묵직한 상큼함은 오래오래 먹어도 질리지 않는 맛입니다.

준비물
단호박 500그램, 오렌지 500그램, 마스코바도 100그램

만들기
1. 단호박을 깨끗이 씻은 뒤 반으로 갈라 씨를 제거하고 2~3센티미터 크기로 썰어준다.
2. 오렌지는 껍질을 벗긴 뒤 단호박과 같은 크기로 썰어주고 마스코바도를 뿌려 30분 정도 둔다.
3. 오렌지에서 과즙이 나오면 단호박을 넣고 중약불에 끓인다.
4. 끓어오르면 약불로 줄이고 잼의 농도가 될 때까지 주걱으로 저어가며 졸인다.

포인트

단호박이 들어가면 금세 잼이 되므로 잘 저어주어야 한다. 기호에 따라 걸쭉하게 만들어 죽처럼 먹어도 좋다.

*Sweetpotato
jam*

고구마잼

고구마는 보통 쪄먹거나 구워먹고 생으로 깎아 술안주로 먹기도 하지요. 보통은 고구마로 잼을 만든다는 생각을 하지 않지만 실제로 만들어보면 그 맛이 환상에 가깝습니다. 호박고구마를 이용하면 색깔도 예쁘고 먹음직스럽지요.

준비물
고구마 1킬로그램, 마스코바도 100그램, 고구마 삶은 물 100밀리리터

만들기
1. 고구마를 깨끗이 씻어 삶은 뒤 껍질을 벗기고 2~3센티미터 크기로 썰어준다.
2. 고구마 삶은 물에 1의 고구마와 마스코바도를 넣고 중약불에 끓인다.
3. 끓어오르면 약불로 줄이고 잼의 농도가 될 때까지 주걱으로 저어가며 졸인다.

포인트

고구마가 부드러운 잼의 형태가 되는데 녹말 성분이 많아 타기 쉬우므로 부지런히 주걱으로 저어가며 졸여야 바닥에 눌어붙지 않는다. 고구마 삶은 물은 고구마의 풍미를 더욱 깊게 만든다.

고구마바나나잼

퍽퍽한 고구마에 바나나를 넣어 잼을 만들면 부드럽고 촉촉하게 먹을 수 있습니다. 바나나와 고구마의 풍미가 더욱 깊고 맛도 좋아 자꾸만 손이 가게 됩니다. 바나나를 편으로 잘라 잼을 찍어 먹어도 좋고 크래커 위에 듬뿍 발라도 별미지요.

준비물
고구마 500그램, 바나나 500그램, 마스코바도 180그램, 고구마 삶은 물 100밀리리터

만들기
1. 고구마는 깨끗이 씻어 삶은 뒤 껍질을 벗겨 5밀리미터 두께로 썰어준다.
2. 바나나는 껍질을 벗긴 뒤 1센티미터 두께로 썰어준다.
3. 고구마 삶은 물에 1, 2와 마스코바도를 넣고 으깨면서 중약불에 끓인다.
4. 끓어오르면 약불로 줄이고 잼의 농도가 될 때까지 저어가며 졸인다.

포인트

고구마 삶은 물을 버리지 말고 4의 과정에서 조금씩 부어주면 수분도 채우고 눌어붙는 것도 방지할 수 있다. 고구마는 수분이 없고 탄수화물 함량이 높아 금세 잼이 되기 때문에 눈지 않도록 주의한다.

Onion jam

양파잼

주로 요리의 양념으로 사용하는 양파는 특유의 매운맛을 가지고 있지만 열을 가하면 단내와 맛있는 향을 진동시키지요. 이탈리아 여행 중 양파잼을 먹고 그 신선한 맛에 깜짝 놀랐습니다. 웰빙 바람이 불면서 과일뿐 아니라 채소로도 잼을 만들기 시작했는데 양파는 생각지도 못했지요. 눈물을 참아야 하는 고통은 뒤따르지만 만든 다음 뿌듯함은 이루 말할 수 없답니다.

준비물
양파 1킬로그램, 마스코바도 100그램, 올리브오일 6그램

만들기
1. 양파는 껍질을 벗긴 뒤 깨끗이 씻어 물기를 제거하고 얇게 채 썰거나 다져준다.
2. 팬에 올리브오일을 두른 뒤 1의 양파를 물이 생길 때까지 볶아준다.
3. 양파즙이 나오면 분량의 마스코바도를 넣고 골고루 섞은 다음 중약불에 끓인다.
4. 끓어오르면 약불로 줄이고 잼의 농도가 될 때까지 저어가며 졸인다.

포인트

양파는 물이 많이 나오기 때문에 잼의 농도가 되기까지 오래 저어야 한다. 양파는 단맛이 강한 잼이지만 새콤한 맛을 원한다면 발사믹식초를 10밀리리터 정도 추가하면 훌륭한 맛을 즐길 수 있다.

Garlic
jam

마늘잼

세계 10대 건강식품으로 알려진 마늘은 생선의 비린내와 고기의 누린내 같은 잡내도 잡아주고 요리의 양념으로도 쓰이는 데 잼으로 만들어도 활용도가 높습니다. 식빵이나 바게트에 올려 먹어도 좋고 삶은 감자나 고구마에도 어울리지요. 또 마늘잼과 고구마, 우유만 있으면 훌륭한 고구마 수프도 만들 수 있답니다.

준비물
마늘 1킬로그램, 마스코바도 100그램, 버터 5그램, 물 500밀리리터

만들기
1. 마늘은 껍질을 벗긴 뒤 깨끗이 씻어 물기를 제거한다.
2. 1의 마늘을 버터에 볶아준다.
3. 버터가 다 녹아 마늘에 스며들면 분량의 마스코바도와 물을 넣고 중약불에 끓인다.
4. 마늘이 익으면 으깨가며 죽처럼 될 때까지 약불에서 저어준다.

포인트

토종 마늘은 굵기가 작고 단단하다. 또 생으로 먹으면 매운 맛이 더 강하지만 익혀서 잼을 만들면 감칠맛이 강하다. 버터는 무염버터를 사용하고 가공버터보다 천연버터를 사용하는 것이 좋다. 깐마늘을 삶아서 사용해도 된다.

Ginger
jam

생강잼

생강은 불로장생을 위해 꼭 필요한 식재료 중 하나라고 합니다.
몸의 체온을 올리는 데 큰 역할을 하지요.
생강잼은 차로 타서 마시면 감기 예방도 되고 좋습니다.

준비물
생강 1킬로그램, 마스코바도 150그램

만들기
1. 생강을 깨끗이 씻어 얇게 편으로 썬 뒤 채썬다.
2. 채 썬 생강을 찬물에 30분 가량 담궈 매운기를 날려준다.
3. 2에 마스코바도를 넣고 중약불에 끓인다.
4. 즙이 나오면 약불로 줄이고 잼의 농도가 될 때까지 졸인다.

포인트

생강은 틈에 흙이 묻어 있으므로 칫솔과 같은 도구로 꼼꼼하게 문지르듯 씻어주면 좋다.
생강잼은 매울 수 있다. 생강은 매운 맛이 강하기 때문에 당분이 더 들어가도 된다. 생강을
갈아서 사용할 때는 강판에 갈아주는 것이 좋다. 믹서로 갈면 물이 많기 때문에 잼을 만들
기 번거롭다.

ana Jam

영업시간
11:00~
19:00
스콘
나오는 시간
11:30
15:00

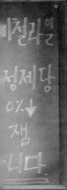

착한 잼 드세요.